Jose Moniz

O universo é inteligente. A alma existe.

Mistérios quânticos, multiverso, entrelaçamento, sincronicidade. Além da materialidade, para uma visão espiritual do cosmos.

Copyright 2019
Bruno Del Medico Publisher
Sabaudia (LT) Itália
Comunicações: edizioni@delmedico.it
Apenas italiano ou inglês, por favor. Outros idiomas serão ignorados.
COMO OBTER CÓPIAS DESTE LIVRO IMPRESSO OU E-BOOK
Site seguro do editor: https://www.qbook.it
O catálogo inteiro. Preços reduzidos. 20 idiomas

Índice do livro

Índice do livro 5
Introdução 9
Vivendo na casca de uma noz 13
   O que Hamlet tem com Stephen Hawking? 14
   Um autor que representa seu tempo. 15
   Tycho Brahe e a supernova N1572 21
Disputas astronômicas 27
   O sistema ptolomaico 28
   A revolução copernicana 30
   Tycho Brahe e o sistema ticoniano 35
   Thomas Digges e o modelo heliocêntrico. 37
"De l'infinito, universo e mondi" 43
   Giordano Bruno, o filósofo do infinito 44
   Giordano Bruno e sua ideia de infinito 50
Questões de ética 55

Os problemas de um universo infinito 57
Infinito em um espaço finito 61
Um sonho premonitório 62
A mandala 69
Jung e as mandalas 72
O ovo cósmico 83
O ovo cósmico e a física atual 89
O encontro entre Jung e Pauli 91
O diagrama psíquico de Pauli e Jung 95
Vamos falar mais sobre Mandala 103
O infinito no finito 104
O pensamento é um "finito" que contém o infinito 111
Pensamento Cósmico 113
A teoria do multiverso 117
A teoria do multiverso 120
A física quântica é a mãe do multiverso. 122
Segunda fase. Duas fendas 127
Terceira fase. O papel do observador 128
Quantos tipos de multiverso existem? 134
A paisagem multiverso (The landscape multiverse) 134
O multiverso quântico (The quantum multiverse) 136
O multiverso simulado (The simulated multiverse) 137
O multiverso final (The ultimate multiverse) 138

O multiverso brane *(The brane multiverse)* 138
Estética da ciência 139
Inteligência no centro do universo 143
O papel do observador 144
Um nêmesis científico 148
Coincidências surpreendentes 151
O princípio antrópico 162
Nascimento e evolução do princípio antrópico
.... 166
O homem está realmente no centro do universo? 173
Cooperação de inteligência 177
Creatio ab nihilo 185
Quais evidências temos sobre a inteligência da "Matriz Cósmica"? 186
Mas o universo feito de matéria realmente existe? 190
Não localidade, entrelaçamento 195
Einstein e a localidade 196
A causalidade é a base de todas as coisas?
.... 198
Emaranhamento quântico 202
Tudo é um na dimensão não local 205
A alma existe 207
A agregação de matéria 209

A matéria agrega em formas coerentes e finalizadas.. *212*
  Toda agregação vem de um projeto *214*
  Atmosferas quânticas............................. *215*
  O que nos torna conscientes? *219*
  A física quântica e a alma...................... *221*
  Colapso das ondas quânticas *226*
  Neurônios do tipo Qubit......................... *228*
  Anjos, demônios e almas dos mortos...... *231*
  Inconsciente coletivo e arquétipos.......... *235*
  As estranhas coincidências.................... *238*
  Aceite o desafio...................................... *245*
  Meditação e oração *247*

Apêndice 1. Hamlet..............................253
  Os personagens...................................... *254*
  O enredo da tragédia............................. *255*

Glossário... 259
Bibliography 276

Introdução

As incríveis descobertas da física quântica estão perturbando completamente os pressupostos da ciência clássica. Hoje a técnica permite conquistas incríveis. Por exemplo, os primeiros computadores quânticos com capacidades de computação quase ilimitadas estão sendo realizados. Alguns apóiam a possibilidade real de viagem no tempo. Além dessas inovações conhecidas do público em geral, há outras menos conhecidas, mas não menos importantes. Essas são as novidades advindas dos estudos quânticos, dentre as quais podemos citar a "superposição de estados" e o "colapso quântico".

A "superposição de estados" confirma que a mesma partícula pode ser encontrada simultaneamente em dois ou mais lugares. A teoria do "colapso quântico" confirma que o comportamento da matéria pode ser decidido simplesmente pela observação. Estas não são suposições, mas princípios verificados experimentalmente.

Este livro não trata apenas dessas inovações, mas dá muito espaço para teorias mais avançadas. Estas são teorias anunciadas, mas ainda não confirmadas. Além disso, o livro também avalia as teorias mais arriscadas, desde que sejam cientificamente baseadas.

Por exemplo, o livro fala sobre o multiverso, ou teoria dos universos paralelos, proposto pelo físico Hugh Everett. Da mesma forma, o livro fala de não-localidade. É um espaço psíquico totalmente independente das leis da física clássica. Como resultado da não localização, partículas elementares, localizadas a distâncias astronômicas, comportam-se como se fossem uma.

Este livro também fala sobre as últimas pesquisas de Roger Penrose, um físico incrédulo, e Stuart Hameroff. De acordo com esses dois cientistas, a alma existe e pode ser identificada com flutuações quânticas. Essas flutuações têm a capacidade de sobreviver à morte física do corpo.

Se realmente as "almas" são condensações de flutuações quânticas, podemos formular uma pergunta: será possível imaginar instrumentos que permitam o diálogo com essas flutuações?

O livro expõe a pesquisa de cientistas estabelecidos, mas sem usar nenhuma fórmula matemática. As teorias são expostas de maneira simples e compreensível para todos. Desta forma, todos podem descobrir os aspectos insuspeitados da realidade em que vivemos.

É claro que a física quântica está decretando o fim do materialismo e o começo de uma nova fase cultural, baseada na colaboração entre espírito e matéria.

Vivendo na casca de uma noz

*Meu objetivo é simples. É a compreensão
completa do universo.
Eu quero entender porque o universo
é feito como é e porque realmente existe.
(Stephen Hawking, astrofísico)*

O que Hamlet tem com Stephen Hawking?

Em 14 de março de 2018, em Cambridge, um dos cientistas mais famosos de nossos tempos, o astrofísico Stephen Hawking, faleceu. Seus interesses variavam em vastas áreas de conhecimento. Por exemplo, ele primeiro realizou estudos científicos sobre os alinhamentos astronômicos de Stonehenge.

Hawking também foi um comunicador muito valioso. Seu trabalho mais famoso, o livro "Uma Breve História do Tempo" foi publicado em 1988 e vendeu mais de dez milhões de cópias em todo o mundo.

Em 2001, Hawking lançou outro hit, "The Universe in a Nutshell". O título é bastante original para não despertar a curiosidade. De fato, a referência à casca da noz não é explicada na introdução. Só podemos encontrar uma referência ao início do terceiro capítulo. Aqui está uma citação de Hamlet de Shakespeare:

> "Ó Deus, eu poderia ser vivendo na casca de uma noz e me considerar um rei do espaço infinito."
> (Hamlet, Ato II)

Hawking é um homem de vasta cultura. Há uma razão específica pela qual ele decidiu escolher essa frase. Este capítulo será destinado a explicar o motivo dessa escolha. A partir desta citação, poderemos entender os tópicos discutidos abaixo.

Um autor que representa seu tempo.

William Shakespeare viveu entre 1564 e 1616. Ele produziu muitos trabalhos. Entre esses trabalhos, o mais famoso é, sem dúvida, o Hamlet, que Shakespeare escreveu entre 1600 e 1602.

Hamlet é uma tragédia e conta alguns eventos aparentemente fantásticos que, no entanto, podem estar ligados ao contexto político e cultural da época. De fato, Shakespeare preenche a narrativa com implicações. Consequentemente, o conteúdo do trabalho pode ser avaliado em diferentes níveis. Podemos distinguir o nível narrativo e o nível histórico. Mas também há um terceiro nível. Isso pode ser considerado como a transposição das opiniões do autor em relação ao fermento cultural da época.

Os três níveis estão resumidos no diagrama em anexo. O conhecimento do enredo detalhado de Hamlet não é essencial para entender as diferentes interpretações. Podemos lembrar brevemente que um dos personagens principais é o rei Cláudio. Claudio se casou com Gertrude, a viúva do falecido rei Hamlet. Aliás, Gertrude é a mãe do príncipe

Hamlet. (Curiosamente, o jovem príncipe tem o mesmo nome do pai). O fantasma do rei falecido aparece ao seu filho Hamlet e revela o segredo de sua morte. Ele afirma ter sido morto por Claudio. Claudio cometeu o crime para usurpar o reino e se casar com Gertrude. Quem quiser pode encontrar um resumo do enredo no apêndice.

Na narração, as vicissitudes de um caráter negativo, o rei Cláudio, assassino e usurpador, entrelaçam-se às de uma vítima, o príncipe Hamlet.

O príncipe, embora esteja certo, deve fingir estar louco para evitar outras ações negativas de Cladio. Shakespeare torna o esquema do "bom-mau" dele derivando-o de suas conexões culturais e das disputas científicas que o envolvem. Ele atribui o papel do "vilão", representado pelo rei Cláudio, ao astrônomo Tycho Brahe.

Figura 1 - Stephen Hawking no dia de seu primeiro casamento em 1963, com Jane Wilde. Pouco depois, ele foi atingido pela doença que o forçou a ficar em uma cadeira de rodas por toda a vida.

Em vez disso, o papel do "bem" é interpretado pelo príncipe Hamlet. No enredo subjacente de Shakespeare, no entanto, o "bem" é outro astrônomo, Thomas Digges.

Evidentemente, os dois astrônomos apoiaram diferentes teorias e Shakespeare decidiu-se por um dos dois, a saber, por Digges.

Isso significa que Sakespaere tomou o partido da tese copernicana sobre a posição da Terra no universo, apoiada por Digges. Esta tese se opunha àquela apoiada por Brahe, de orientação ptolemaica.

A tese copernicana previa que a Terra girava em torno do Sol, enquanto o Ptolomaico previa, pelo contrário, que o Sol girava em torno da Terra.

Níveis Interpretativos do Hamlet de Shakespeare
Rei Claudio
Nível narrativo. O fantasma do pai de Hamlet revela que Claudio o matou para roubar o trono e se casar com a rainha viúva Gertrude.
Nível histórico. Cláudio é identificado com Frederico II (1534-1588) que foi rei de Danimara e Noruega. Quando o astrônomo Tycho Brahe se torna famoso, Claudio lhe dá uma ilha localizada perto do castelo de Elsinore.
Nível alusivo. O rei Cláudio representa a tese ptolomaica, apoiada por Tycho Brahe. Esta tese coloca a Terra no centro do universo. Shakespeare não aprova essa tese.
Rosencrantz e Guildenstern
Nível narrativo. Eles são amigos de Hamlet. Claudio convoca-os e atribui-lhes a tarefa de investigar a loucura de Hamlet.
Nível histórico. Dois sobrenomes praticamente iguais aparecem entre os ancestrais de Tycho Brahe.
Nível alusivo. Os dois personagens aceitam a tarefa de convencer Hamlet, mas eles não podem, eles representam a ciência tradicional que continua a apoiar a tese de Ptolomeu, mas está prestes a ser suplantada pela tese de Copérnico.
Rainha Gertrude
Nível narrativo. Esposa do falecido rei Hamlet. Imediatamente após a morte do marido, ela concordou em se casar com Claudio.
Nível histórico. Gertrude é a rainha Sofia, esposa de Frederico II e mãe de Christian IV.

Nível alusivo. Provavelmente houve um relacionamento romântico entre Sofia e Tycho. Isso liga ainda mais as teses ptolemaicas de Tycho ao estabelecimento predominante naquele período histórico.

Bernardo
Nível narrativo. No primeiro ato da tragédia, Bernard menciona uma estrela que apareceu no céu e trouxe desgraça.
Nível histórico. Essa estrela seria a supernova que apareceu nos céus da Europa em 1572 e descrita por Tychio Brahe.
Nível alusivo. A nova estrela anuncia infortúnio porque coincide com a aparição do fantasma do falecido rei Hamlet.

Príncipe Hamlet
Nível narrativo. O fantasma de seu pai revela o crime cometido por Claudio.
Nível histórico. O príncipe Hamlet é identificado com o rei Christian IV. Quando ele sobe ao trono, Christian começa um julgamento contra Tycho Brahe e o força a emigrar para Praga. Cristiano provavelmente quer se vingar do relacionamento de Tycho com sua mãe, Sofia.
Nível alusivo. Hamlet representa a tese apoiada por Thomas Digges. Digges suporta o modelo do universo proposto por Copernicus. Neste modelo, o Sol está no centro do universo.

Copérnico diminui o papel da Terra, que não está mais no centro de tudo. Mas Hamlet não considera essa desclassificação importante. Ele se sente feliz mesmo vivendo na casca de um amendoim.

Tycho Brahe e a supernova N1572

Tycho Brahe era um jovem brilhante. Em 1572, aos 27 anos, ganhou fama internacional ao descrever a explosão de uma supernova. Hoje identificamos este evento astronômico com as iniciais N1572 ou com o nome "Eta-Cassiopeiae B", "a supernova de Tycho".

Aos olhos dos não iniciados, uma supernova lembra uma nova estrela muito luminosa que aparece de repente no céu. Na época de Tycho, o aparecimento de novos objetos celestes era uma fonte de grande preocupação, porque esse fenômeno era interpretado como um presságio abominável. Na verdade, Shakespeare coloca esse evento logo no início de Hamlet, como se anunciasse a tragédia dos eventos narrados abaixo.

No primeiro ato de Hamlet Bernardo, um militar a serviço do rei, chega às arquibancadas do castelo para dar uma mudança de guarda a Francesco. Pouco depois, Marcello e Orazio também chegam. Esses quatro personagens falam das aparições do espectro do rei que morreu dois meses antes. As aparições estão associadas ao caminho no céu da nova estrela. Bernardo relata os fatos desta maneira:

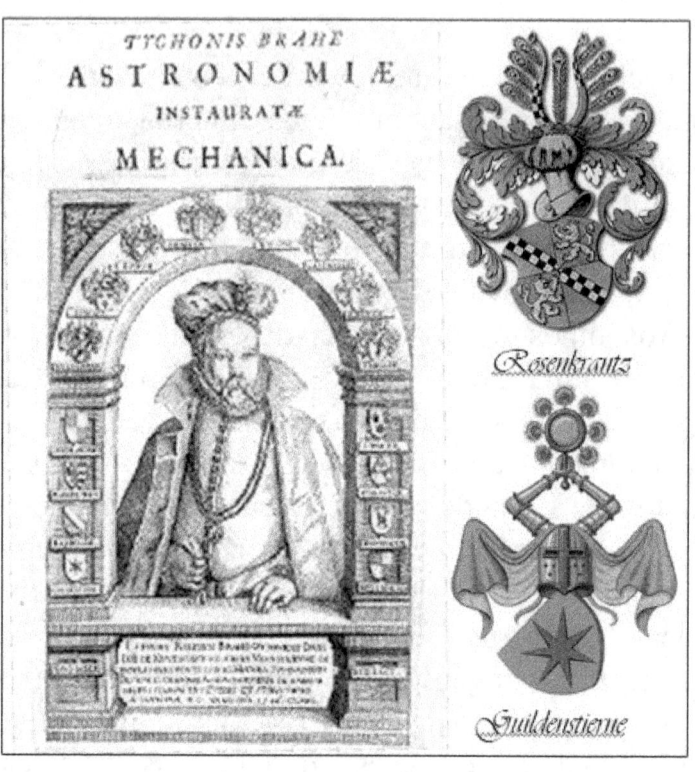

Figura 2 - Retrato de Tycho Brahe cercado pelos retratos de seus ancestrais dois dos quais possuem os sobrenomes de Rosenkrantz e Guildenstierne. Esses sobrenomes são extraordinariamente semelhantes aos de dois personagens que eram colegas de Hamlet.

"Last night of all, When yond same star that's westward from the pole. Had made his course t' illume that part of heaven. Where now it burns, Marcellus and myself, The bell then beating one..."

Mas naquele exato momento, junto com a estrela, o espectro do rei também aparece.
Quando a explosão da supenova ocorreu em 1572, Shakespeare tinha oito anos de idade. Com certeza o evento impressionou muito e foi relevante em seu crescimento cultural.
Tycho Brahe também observou o fenômeno na noite de 11 de novembro de 1572:

"De repente e inesperadamente eu vi uma estrela desconhecida no zênite, com uma luz muito brilhante."

A supernova tinha um brilho comparável ao do planeta Vênus. Também era visível no céu durante o dia. Tycho descreveu o fenômeno em um pequeno volume publicado em 1573 com o título "*De nova stella*".
A supernova deixou de brilhar em 1574, mas, metaforicamente, a boa estrela de Tycho começou

a brilhar a partir daquele momento. O astrônomo se tornou tão famoso internacionalmente que o rei Frederico II (na tragédia, Cláudio) deu-lhe a ilha de Hven, localizada perto de seu castelo de Elsinore, na entrada do estreito de Øresund. Nesta ilha, Tycho construiu um castelo que ele chamou de Uranienborg, em homenagem à musa da astronomia, Urania.

A história termina de uma maneira não edificante. Parece que Tycho se tornou amante da rainha Gertrude, viúva do rei morto. Na realidade histórica, Gertrude era a rainha Sofia, esposa de Frederico II e mãe de seu sucessor, Christian IV.

Obviamente, Cristiano IV não gostou da relação do astrônomo com sua mãe. Quando subiu ao trono, o novo rei mudou decisivamente a relação entre a casa real e Tycho e iniciou um processo judicial contra ele.

Depois disso, em 1597, Tycho deixou a ilha de Hven e emigrou para Praga. Tanto o castelo de Uranienborg quanto o complexo astronômico de Stjerneborg foram destruídos logo após a morte do astrônomo. Na década de 1950, escavações arqueológicas foram realizadas em Stjerneborg. Mais tarde, o site foi reconstruído. Atualmente, Uranienborg abriga um museu dedicado a Tycho Brahe e a história da ilha de Hven.

Quanto ao conhecimento da supernova, até o século passado, ninguém sabia que tipo de objeto celeste era. Depois de 1952, astrônomos começaram a estudar as emissões do céu na banda de freqüência de rádio. Isso permitiu identificar os restos da supernova de Tycho com o objeto 3C10. Parece que esta supernova foi gerada pela explosão de uma anã branca que cruzou o limite de Chandrasekhar, sugando matéria de outra estrela. Em 2005, os astronautas também identificaram a outra estrela do sistema binário e a chamaram de Tycho G.

Disputas astronômicas

Not from the stars do I my judgement pluck;
And yet methinks I have Astronomy,
But not to tell of good or evil luck,
Of plagues, of dearths, or seasons' quality;
Nor can I fortune to brief minutes tell,
Pointing to each his thunder, rain and wind,
Or say with princes if it shall go well
By oft predict that I in heaven find:
But from thine eyes my knowledge I derive,
And, constant stars, in them I read such art
As truth and beauty shall together thrive,
If from thyself, to store thou wouldst convert;
Or else of thee this I prognosticate:
Thy end is truth's and beauty's doom and date.
(William Shakespeare, Sonnet XIV)

O sistema ptolomaico

A disputa nestas páginas é restrita ao pensamento de Tycho Brahe e Thomas Digges. No entanto, antes de abordar a questão, é conveniente expor brevemente a questão que deu origem à disputa. Os dois tinham crenças diferentes sobre a forma e funcionamento do universo. Nesse sentido, muitas teorias foram elaboradas ao longo da história humana.

Os gregos foram os primeiros a fazer um modelo do sistema solar. Hiparco, um filósofo que viveu entre 200 e 120 aC, estudou cuidadosamente as observações e conhecimentos acumulados ao longo dos séculos pelos caldeus babilônicos. Ipparco usou esse conhecimento para desenvolver um modelo capaz de explicar o movimento do Sol e da Lua.

No século II dC o modelo desenvolvido por Claudius Ptolemy se estabeleceu. Ptolomeu era um grego de língua e cultura helenística. Ele era um astrólogo, astrônomo e geógrafo. Ele viveu em Alexandria do Egito entre 100 e 175 dC (*figura 3*).

Ptolomeu propôs o chamado modelo ptolomaico ou geocêntrico. De acordo com este modelo, o sistema solar é uma grande esfera colocada no centro do Universo. A Terra é plana e imóvel, e está localizada no centro da esfera celeste. o Sol, a Lua e os outros planetas giram em torno da Terra

Finalmente, Ptolomeu afirma que o limite do univero consiste na esfera de estrelas fixas. De acordo com Ptolomeu, o universo é cheio e tem fronteiras, por isso é limitado no espaço. O universo de Ptolomeu não é infinito.

Na Idade Média, o modelo de Ptolomeu ainda era aceito, mas com diferentes interpretações. Houve duas interpretações principais.

Uma interpretação foi chamada de "astronomia matemática" e foi fundada no principal trabalho de Ptolomeu, "*Almagesto*". Esta iterpretação era adequada para fazer cálculos e previsões, mas não era muito orgânica.

A segunda interpretação, chamada "cosmologia física", foi baseada na obra "*De Caelo*", de Aristóteles. Essa interpretação foi antropocêntrica e logicamente consistente. Infelizmente, ele não conseguia explicar alguns fenômenos físicos, por isso não era consistente em um nível prático.

Durante a Idade Média, a Igreja apoiou o sistema ptolemaico através da filosofia escolástica. De fato, este sistema é ilustrado por Dante Alighieri na *Divina Comédia*.

A revolução copernicana

A revolução copernicana começa em 1543. Neste ano, Mikołaj Kopernik publica o "*De revolutionibus orbium coelestium*" (As revoluções dos corpos celestes).

Mikołaj Kopernik era um astrônomo polonês, nascido em Torun em 19 de fevereiro de 1473 e morreu em Frombork em 24 de maio de 1543 (figura 4).

Seu nome foi italianizado como Niccolò Copernico.

Copérnico substituiu o sistema geocêntrico de Ptolomeu por um sistema heliocêntrico. Enquanto Ptolomeu colocou a Terra no centro do universo, Copérnico estabeleceu que no centro estava o Sol.

Mesmo para Copérnico, o universo está cheio e tem fronteiras. Mas no centro de tudo existe o Sol. A Terra não está imóvel, mas gira em torno do Sol.

Deve-se notar que a teoria de Copérnico é inspirada no heliocentrismo de Aristarco, um astrônomo grego que viveu em Samos entre 310 e 230 aC. aprox. Assim, Copérnico não foi o primeiro a sustentar a centralidade do Sol. Mas Copérnico foi o primeiro a demonstrar a centralidade do Sol com procedimentos matemáticos.

O livro de Copérnico, "De revolutionibus", inicialmente teve uma escassa difusão mesmo entre os especialistas, ou seja, nos ambientes matemáticos e astronômicos da época. Alguém julgou o livro com desprezo. Esse viés continuou até recentemente. Em 1959, o filósofo Arthur Koestler escreveu seu trabalho "Eu sonâmbulos", no qual ele fala sobre o livro "De revolutionibus" e o define "... o livro que ninguém nunca leu".

Por muitas décadas, a teoria de Copérnico foi substancialmente ignorada pelo estabelecimento do tempo. Apenas muito poucos cursos universitários citaram a teoria copernicana juntamente com a teoria ptolomaica, que foi ensinada regularmente.

A Igreja Católica não foi inicialmente hostil. O "De revolutionibus" foi cuidadosamente considerado pelos astrônomos e matemáticos jesuítas. Estes, no entanto, decididamente preferiram o sistema "tônico", desenvolvido por Tycho Brahe entre 1587 e 1588.

No entanto, devemos reconhecer que, em 1582, alguns cálculos de Copérnico foram usados na reforma do calendário gregoriano.

O "De revolutionibus" foi inserido pelo Santo Ofício no "Index librorum prohibitorum" ou "Índice dos Livros Proibidos". Felizmente, isso aconteceu algumas décadas após a publicação. Esse atraso permitiu que a teoria de Copérnico espalhasse até os ambientes culturais religiosos mais contrários à sua ideia.

Figura 3 - Ptolomeu era um astrônomo e geógrafo grego que viveu em Alexandria do Egito entre 100 e 175 dC Ele propôs o chamado sistema ptolemaico ou geocêntrico.

O universo é inteligente. A alma existe.

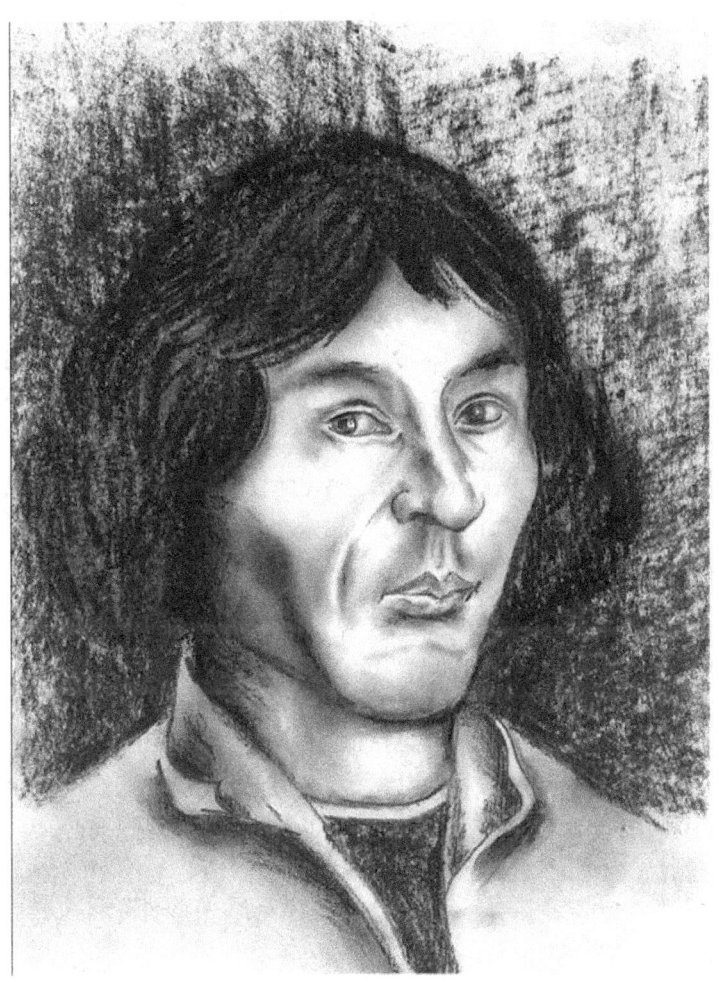

Figura 4 - Niccolò Copernico, astrônomo e astrólogo polonês, substituiu o sistema geocêntrico de Ptolomeu por um sistema heliocêntrico.

A afirmação definitiva da teoria heliocêntrica deve-se aos pais da astronomia moderna, Galileu Galilei e Isaac Newton.

Antes de Galileu, Tycho Brahe sugerira um compromisso entre o modelo ptolomaico e o copernicano, propondo o chamado modelo "ticoniano". De acordo com este modelo, todos os planetas giram em torno do Sol. No entanto, o Sol e a Lua giram em torno da Terra. Mas Galileu rejeitou essa teoria.

A importância de Copérnico foi reconhecida na Inglaterra antes de outros lugares, graças sobretudo a Thomas Digges, que apoiou o modelo copernicano em seu ensaio "A Perfit Description of the Caelestial Orbes".

Outra contribuição foi dada pela publicação do livro de Giordano Bruno "La cena delle ceneri", publicado em 1584 em Londres por John Charlewood.

Na conclusão do "De revolutonibus" Copernicus expõe sete pontos que resumem sua teoria. Eu lembro de alguém:

- As órbitas e as esferas celestes não possuem um único centro.
O centro da Terra não é o centro do Universo.

- Todas as esferas celestes giram em torno do Sol. Assim, o centro do Universo está localizado perto do Sol.
- A distância entre a Terra e a altura do firmamento não torna perceptíveis os movimentos das estrelas fixas.
- Qualquer movimento que apareça no firmamento não depende do firmamento em si, mas da Terra. A Terra gira em torno de seus pólos. O firmamento, no entanto, permanece imóvel.

Mais tarde, alguns desses pontos serão mais corretamente especificados por Kepler e outros estudos. Comparado aos modelos cosmológicos anteriores, o modelo copernicano teve um grande significado revolucionário. O filósofo Immanuel Kant primeiro cunhou o termo "revolução copernicana". Esse termo literário ainda é usado hoje, em um sentido figurado, para indicar processos de reversão dos paradigmas fundamentais de um argumento.

Tycho Brahe e o sistema ticoniano

Tycho Brahe cultivou sua paixão pela astronomia desde a adolescência. Ele estudou os textos da antiguidade, em particular o "*Almagesto*" de Ptolomeu e o "*De revolutionibus*" de Copérnico. No entanto, ele não compartilhou nenhuma das duas hipóteses sobre a posição dos planetas.

Na verdade, o astrônomo dinamarquês representa um ponto de virada entre os conceitos da astronomia antiga e moderna. Em 1588, Tycho publicou "*De mundi aetherei recentioribus phaenomenis*", no qual disputava o sistema ptolomaico, segundo o qual tudo gira em torno da Terra. Ele imagina uma situação híbrida, um sistema conhecido como "sistema ticoniano". De acordo com este sistema, os planetas giram em torno do Sol, mas o mesmo Sol com os outros planetas gira em torno da Terra. A terra permanece imóvel no centro do cosmos. (*figura 5*)

Brahe gozava de grande autoridade, assim, com sua tese, ele favoreceu o abandono do sistema ptolemaico. Ao mesmo tempo, sua tese atrasou a afirmação do sistema copernicano.

Tychio havia aprendido com Copérnico sobre a idéia dos planetas girando em torno do Sol, mas ele não encontrou coragem para confirmar o mesmo princípio também para a Terra.

No entanto, seus estudos foram de grande ajuda para outro astrônomo, Kepler. Kepler foi assistente de Tycho durante o exílio em Praga. Ele tentou convencer Brahe a abandonar o sistema ticoniano para adotar o sistema heliocêntrico, mas sem resultados.

O universo é inteligente. A alma existe.

Na morte de Tycho, em 1601, Kepler o substituiu no posto de matemático e astrônomo imperial, em Praga.

Thomas Digges e o modelo heliocêntrico

Thomas Digges (*figura 7*), astrônomo e matemático britânico, nasceu em Barnham em 1546, no mesmo ano em que Tycho Brahe. Assim, Digges e Brahe eram contemporâneos. Até mesmo Shakespeare, nascido em 1564, viveu no mesmo período.

O background matemático de Digges foi curado por seu pai e um dos matemáticos mais famosos da época, John Dee. Digges teve o mérito de ser o primeiro defensor inglês das teses de Copérnico. (figura 6).

Em 1572 também Digges, como Brahe, pôde observar a "*Stella nova*". Ele publicou o diário das observações da supernova em 1573, na obra "*Alae sive scalae mathematica*". As observações de Digges não eram qualitativamente inferiores às de Brahe. De fato, ele parece ter sido mais preciso ao calcular a posição da supernova.

Digges e Brahe mantiveram laços epistolicos para que tivessem a oportunidade de trocar pontos de vista sobre as respectivas vises do universo. Essas visões eram decididamente contrastantes.

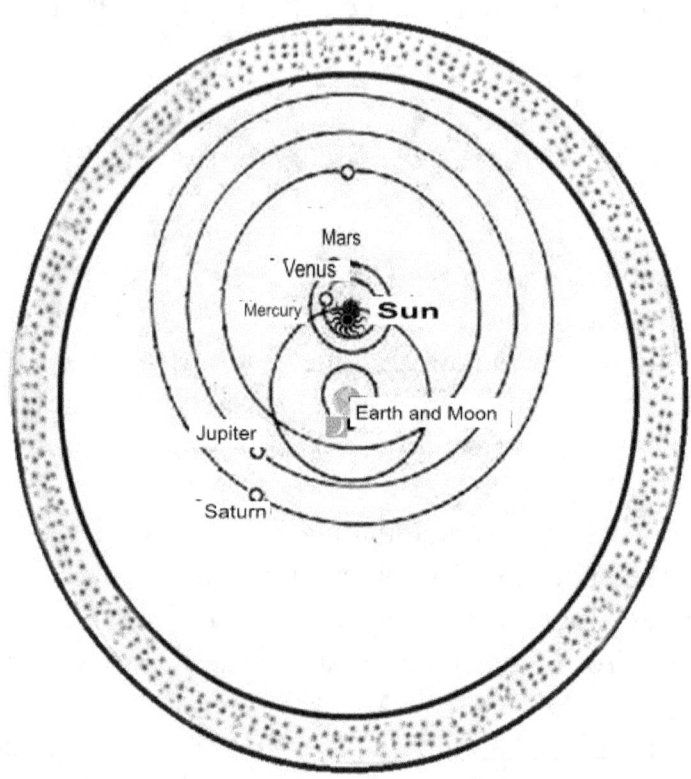

MODELO TYCHO BRAHE
A terra está no centro do universo. Os planetas giram em torno do sol. O Sol gira em torno da terra.

Figura 5 - A visão do universo de acordo com Tycho Brahe, decididamente inspirada no modelo ptolemaico. Os planetas giram em torno do Sol, mas isso gira em torno da Terra, que permanece no centro de tudo.

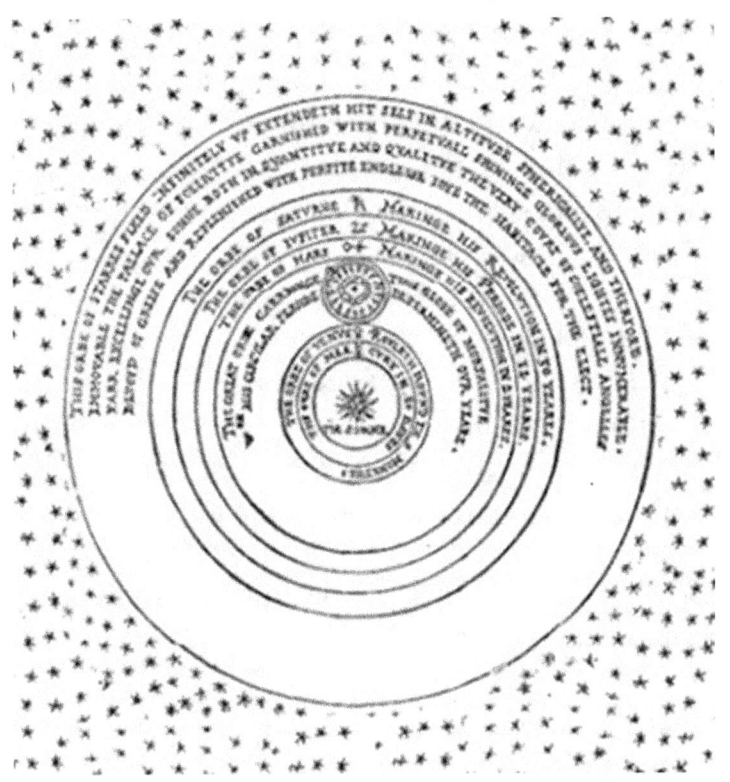

MODELO DE THOMAS DIGGES

O sol está no centro do sistema solar. Todos os planetas giram em torno do Sol. A Terra também gira em torno do Sol.

Figura 6 - A visão de Digges do universo tem uma orientação decididamente copernicana. O Sol está no centro do sistema e todos os planetas giram em torno dele. Como os outros planetas, a Terra também gira em torno do Sol, na terceira órbita.

Provavelmente, no entanto, o que exacerbou a relação entre os dois foi o grande reconhecimento obtido por Brahe por suas observações da "Stella Nova". Ao mesmo tempo, o trabalho de Digges foi praticamente ignorado.Portanto, quando Shakespeare identificou a pessoa do astrônomo Tycho no usurpador Claudio, ele fez isso para satisfazer seu desejo pessoal de justiça.

Certamente a amizade entre Shalespeare e Digges entrou em jogo. Segundo alguns biógrafos, os dois viviam próximos um do outro. Provavelmente entre os dois e entre suas famílias havia conhecimento e os dois estavam namorando.

Considerando isso, é possível que Shakespeare tenha atribuído os papéis da tragédia usando um componente do partidarismo. Tycho assume o papel de Claudio, o usurpador. Digges assume o papel de Hamlet, para o qual seu pai e sua mãe foram removidos

Mas certamente a escolha de Shakespeare foi baseada em uma convicção mais profunda. Ele acreditava que a posição de Digges sobre a realidade do universo era mais correta que a de Brahe. As dúvidas e os problemas de Hamlet representavam as dificuldades de Digges em apoiar sua tese, considerando que Brahe gozava de maior escuta e consideração.

Entre os diálogos da tragédia de Shakespeare, o que existe entre Hamlet e os dois emissários enviados por Claudio é relevante. Os dois querem convencer Hamlet de que a Dinamarca é um ótimo lugar para se viver. Mas o príncipe declara: "A Dinamarca é tudo uma prisão". Rosencrantz responde: "Diga isso porque você é ambicioso. A Dinamarca é um espaço muito pequeno para uma mente como a sua ". Para o qual Hamlet responde: "O God, I could be bounded in a nutshell and count myself a king of infinite space". ("Oh, Deus! Eu poderia viver em uma noz, e ainda me considero senhor do infinito").

As posições dos dois astrônomos claramente emergem desse diálogo. Tycho acredita que todo o universo consiste da Terra no seu centro, com estrelas que giram em torno dela. Ele hipotetiza um universo limitado e finito em suas dimensões.

Digges, ao contrário, propõe um universo sem limites, onde a Terra é apenas um planeta igual a outros infinitos. Na visão de Digges, o homem, embora confinado a um planeta insignificante, pode sentir-se senhor de algo muito maior, isto é, de um universo infinito.

Para concluir esta incursão na história de Hamlet e seu autor, podemos resumir os termos do dilema. Obviamente, isso estava além da narração explícita. O dilema que afligia Shakespeare estava relacionado à essência do universo. O homem vive em um lugar confinado, com limites precisos, ou em um lugar infinito em todas as direções?

Alguns podem pensar que esta é uma disputa do século XVI, isto é, algo que não importa mais. Bem, ele está muito errado. Esta disputa ainda não foi resolvida.

"De l'infinito, universo e mondi"

O homem não tem limites. Quando ele perceber isso, ele terá conquistado a liberdade em todos os mundos.
(Giordano Bruno, filósofo)

Giordano Bruno, o filósofo do infinito

Então, o universo tem um limite ou é infinito? Para aprofundar a controvérsia sobre o tamanho do universo, não podemos ignorar um personagem que não hesitou em participar da discussão, sabendo que estava colocando sua vida em risco. Estou falando de Giordano Bruno (figura 8). Bruno não era um cientista nem um astrônomo, então ele abordou o assunto de um ponto de vista completamente diferente. Ele era um religioso católico da ordem dominicana.

Bruno era contemporâneo de todos os outros personagens mencionados acima. Ele nasceu em 1548 e morreu em 1600. No entanto, é improvável que ele tivesse relações culturais com os personagens mencionados, porque ele morava em lugares diferentes.

Sua condição religiosa e os ambientes em que publicou suas idéias não lhe permitiram desfrutar da liberdade de pensamento que Copérnico e Digges haviam desfrutado.

Bruno colidiu toda a sua vida com as idéias da teologia católica. Essas idéias derrotaram definitivamente o filósofo em 17 de fevereiro de 1600, quando ele foi queimado na fogueira na Piazza Campo dei Fiori, em Roma.

O verdadeiro primeiro nome de Bruno era Filippo. Ele recebeu esse nome para homenagear o herdeiro do trono da Espanha Filipe II.

Quanto às origens, Bruno dá essa informação durante os interrogatórios a que foi submetido. Eu relato a informação com a maravilhosa linguagem de 1600 na Itália, é a linguagem que Bruno usa na escrita de seus livros e é preservada nas publicações até hoje:

> "Io ho nome Giordano della famiglia di Bruni, della città de Nola vicina a Napoli dodeci miglia, nato ed allevato in quella città, e più precisamente nella contrada di San Giovanni del Cesco, ai piedi del monte Cicala, forse unico figlio del militare, l'alfiere Giovanni, e di Fraulissa Savolina, nell'anno 1548, per quanto ho inteso dalli miei".

(Meu nome é Giordano e eu pertenço à família Bruni. Nasci em 1548 em Nola, no distrito de San Giovanni del Cesco, a dezenove quilômetros de Nápoles, aos pés do monte Cicala. Talvez eu seja o único filho de um militar ", alférez "Giovanni, e de Fraulissa Savolina. Foi isso que me disseram sobre minhas origens.

A filosofia de Bruno centrou-se na ideia de um universo infinito. O universo tinha que ser infinito como uma derivação de um Deus infinito. Portanto, este Deus teve que receber amor infinito. O universo era composto por um número infinito de mundos.

Em 1565, Bruno entrou no convento como noviço com os frades dominicanos. Aos 18 anos, em 16 de junho de 1566, ele entrou definitivamente para a ordem religiosa. Naquela ocasião, ele renunciou ao nome original de Filippo, como foi imposto pelos preceitos dominicanos, e assumiu o nome de Giordano

Considerando seus depoimentos, entendemos que a razão pela qual ele escolheu usar o hábito dominicano não era o interesse pela vida religiosa.

Ele queria se beneficiar da riqueza cultural que encontraria no convento. De fato, sofreu muito com a pobreza cultural típica dos ambientes populares da época.

A primeira vez que ele entrou na pequena sala de seu convento, ele jogou fora todas as imagens dos santos que encontrou. Ele manteve apenas o crucifixo.

No convento de San Domenico Maggiore foi possível recorrer a uma vasta cultura. Bruno sabia que o convento tinha uma biblioteca muito rica. Mas ele ficou muito chateado quando soube que os livros de Erasmo de Roterdã eram proibidos. Ele não desistiu de lê-los. Ele obteve os livros proibidos e os estudou secretamente.

Assim, sua educação beneficiou autores que eram frequentemente proibidos por um frade dominicano. Entre outros, Aristóteles e Tomás de Aquino, mas também Marsilio Ficino, Raimondo Lullo e Nicola Cusano.

Infelizmente, sua independência de pensamento foi longe demais para um frade, quando ele chegou a levantar dúvidas sobre o dogma da Trindade. Ele foi denunciado ao Superior Provincial Domenico Vita, que instituiu um julgamento contra ele sob acusação de heresia. Bruno deixou Nápoles e mudou-se para Roma. Nesta cidade ele abandonou o hábito dominicano e retomou seu nome original de Filippo.

Figura 7 - Thomas Digges foi o primeiro defensor inglês das teses de Copérnico. O astrônomo polonês, apoiado por Digges, colocou a Terra em movimento ao redor do Sol.

Figura 8 - Contrariamente à visão da época, em sua obra "De l'infinito" Bruno apoia a infinitude do universo e a existência de um número infinito de mundos. Ele foi julgado pela Inquisição em 17 de fevereiro de 1600 e mais tarde foi queimado na fogueira em Roma, no Campo dei Fiori.

A partir desse momento, Bruno passou por inúmeras viagens principalmente em países estrangeiros.

Sua fuga terminou em Veneza. Ele havia imprudentemente ido a essa cidade a pedido do Doge Giovanni Mocenigo. Ele o atraíra com um pedido para ser educado. Ele alegou querer estudar astronomia e a arte da memorização, na qual Bruno era um especialista. Infelizmente Mocenigo foi um agente da Inquisição. Em 23 de maio de 1592 ele mandou prender Bruno e transferi-lo para as prisões romanas.

Giordano Bruno e sua ideia de infinito

Bruno expressa sua idéia de infinito em vários trabalhos, mas o mais significativo é "*De L'infinito, universo e mondi*", publicado em Londres em 1584.

De acordo com a teoria dominante da época em que ele viveu, o universo era um lugar de dimensões finitas, com a Terra no centro. O Sol e os outros planetas, ao contrário, constituíam um sistema de esferas girando ao redor da Terra. Na superfície da última esfera havia as estrelas fixas. Essas estrelas eram objetos desconhecidos. Ninguém sabia os limites de sua extensão. Ninguém sabia o que estava além das estrelas fixas.

Mas ninguém se preocupou em aprender mais sobre as estrelas fixas porque isso não teria utilidade.

Afinal, até hoje poucas pessoas se perguntam o que era antes do Big Bang. Tudo o que pode interessar ao homem está contido nos limites do tempo e do espaço. Essas duas dimensões não existiam antes do Big Bang. Não temos ferramentas para representar uma realidade sem espaço e tempo. Portanto, na época de Bruno, o único objeto que merecia interesse era a Terra, especialmente porque representava o centro de tudo.

Ao contrário desta visão, em sua obra "*De L'infinito, universo e mondi*", Bruno propõe uma realidade diferente, composta de um número infinito de mundos. No "*Primeiro diálogo*" deste trabalho, Bruno afirma que o universo é infinito, porque Deus, que o gerou, é infinito.

"Così si magnifica l'eccellenza de Dio, si manifesta la grandezza dell'imperio suo: non si glorifica in uno, ma in Soli innumerevoli; non in una Terra, in un mondo, ma in ducento mila, dico in infiniti".

"A grandeza de Deus se manifesta em sua criação. Isso não consiste em um

único planeta Terra, mas em planetas infinitos como a Terra. Não se manifesta em um único Sol, mas em um número infinito de estrelas como o sol ".

Anteriormente Bruno havia escrito a ópera "*La Cena de le ceneri*". Este trabalho, publicado em Londres em 1584, é um diálogo filosófico sobre a natureza. Neste volume, Bruno se refere à teoria copernicana. Ele propõe um universo em que o divino é onipresente e a matéria está em constante mudança, mas é eterna.

O universo que Bruno imagina é infinitamente extenso, composto por um número infinito de sistemas solares similares ao que conhecemos.

Um dos personagens do livro é chamado Filoteo e ele é quem expressa as opiniões do autor. O Filoteo contesta a ideia de Aristóteles sobre um universo finito. Filoteo (Bruno) argumenta que, se o universo de Aristóteles é finito, não pode existir. Outro personagem, Fracastorio, confirma a tese de Filoteo usando uma citação latina:

"*Nullibi ergo erit mundis. Omne erit em nihilo.*
(Então o mundo não é nada. Tudo é nada, tudo é zero.).

O universo é inteligente. A alma existe.

Bruno incluiu na obra "*De l'infinito, universo e mondi*" três poemas. Aqui eu cito o último. Esta composição não é um simples exercício poético. Os versos são uma mensagem profética dirigida aos perseguidores que porão fim à sua vida corajosa:

"E chi mi impenna, e chi mi scalda il core?
Chi non mi fa temer fortuna o morte?
Chi le catene ruppe e quelle porte,
Onde rari son sciolti ed escon fore?
L'etadi, gli anni, i mesi, i giorni e l'ore
Figlie ed armi del tempo, e quella corte
A cui né ferro, né diamante è forte,
Assicurato m'han dal suo furore.
Quindi l'ali sicure a l'aria porgo;
Né temo intoppo di cristallo o vetro,
Ma fendo i cieli e a l'infinito m'ergo.
E mentre dal mio globo a gli altri sorgo,
E per l'eterio campo oltre penetro:
Quel ch'altri lungi vede, lascio al tergo".

"*Eu me sinto seguro contra qualquer disputa.*

Eu abro minhas asas e posso voar com segurança.

Eu domino os céus da liberdade.

Eu vejo muito além daqueles que me desafiam.

Suas visões são limitadas.

Portanto, ao voar, mostro-lhes as costas. "

Questões de ética

Existe um conceito que corrompe e confunde todos os outros. Não falo do mal cujo império limitado é a ética; Eu falo do Infinito.
(Jorge Luis Borges, escritor e poeta argentino)

Segundo a filosofia de Giordano Bruno, o universo copernicano em que vivemos e todos os outros universos infinitos são colocados em um espaço infinito e homogêneo "*che chiamar possiamo liberamente vacuo*", que é vazio. Neste, o pensamento de Bruno coincide com o de Tito Lucrezio Caro, expresso no poema "*De rerum natura*", escrito no século I aC

Lucrécio afirma que o universo é composto apenas de átomos (referindo-se ao atomismo de Demócrito). Átomos se movem através do universo inteiro em uma dimensão infinita, isto é, vazio. Entre outras coisas, Lucrécio afirma que até mesmo a alma do homem é composta de átomos e que estes, quando o corpo morre, são dispersos para serem reutilizados pela natureza.

Outros, em vez disso, afirmam que o universo é finito, tanto no tempo como no espaço. A teoria do Big Bang, atualmente reconhecida como válida, descreve um universo inicialmente fechado em um ponto infinitesimal. Após uma explosão gigantesca, o espaço começa a se expandir e continua fazendo isso. A expansão do espaço tem um limite preciso, mensurável em anos-luz desde o Big Bang. Isso delimita não apenas espaço, mas também tempo. Uma vez que o universo era um ponto igual a zero, hoje é uma bolha estendida por bilhões de anos-luz. No futuro, talvez, ampliará suas fronteiras estendendo-se até mesmo por bilhões de anos-luz.

De acordo com a teoria do Big Bang, poderíamos dizer que o universo não é infinito porque tem um começo e um fim no espaço e no tempo.

Portanto, hoje ninguém pode dizer se o universo é finito ou infinito, mas a questão não é indiferente a um nível ético.

Os problemas de um universo infinito

Certamente, muitos leitores tiveram a oportunidade de comprar produtos vendidos e promovidos por organizações conhecidas como "Comércio Justo". (Fair Trade)

O "Comércio Justo" é uma forma de comércio internacional que visa garantir aos produtores e trabalhadores dos países em desenvolvimento um tratamento econômico equilibrado que respeite suas necessidades de vida.

Teoricamente, se você comprar um quilo de café em uma loja de "Comércio Justo", você ajuda uma comunidade localizada em um país pobre. Esta comunidade cultiva, coleta e comercializa café de forma independente. Desta forma, os agricultores são libertados da exploração de empresas, muitas vezes multinacionais. Como é sabido, essas grandes empresas muitas vezes compram produtos no terceiro mundo pagando preços de fome.

Se você comprar um item de artesanato, um produto alimentício ou outros bens, você dará impulso a essa iniciativa e, em última análise, fará "uma boa ação". Você contribui para aumentar a taxa de altruísmo em um mundo muitas vezes dominado pelo mal, pelo egoísmo e pelos negócios. Portanto, todos nós, ajudando o Comércio Justo, acreditamos que estamos aumentando o componente de bondade do universo.

Mas nós estamos realmente certos?

De fato, se o universo é finito, isto é, se está contido em um espaço limitado, o bem e o mal também estão presentes no universo em quantidades finitas. Em um universo finito, o bem e o mal são quantidades mensuráveis. Portanto, com a nossa generosidade, aumentamos realmente a quantidade de bem adicionando a nossa gota de água a um mar que é vasto mas que pode ser definido na sua vastidão.

Inversamente, se o universo é infinito, ele já contém uma quantidade infinita de bem. Portanto, nenhuma boa ação pode aumentá-lo.

Em um universo infinito, quando compramos meio quilo de café, inúmeras outras pessoas estão comprando quantidades infinitas do mesmo café em inúmeras lojas do Comércio Justo.

Nossa compra não aumenta a quantidade total de café que as infinitas comunidades produtoras podem vender. Nossa compra não tem influência no orçamento geral dos produtores de café pobres.

Além disso, o universo infinito também conteria uma quantidade infinita de mal e, conseqüentemente, nenhuma má ação nossa poderia aumentar o mal do universo. Portanto, fazendo boas obras, não teríamos nenhum mérito. Mas ao fazer más ações, de que seríamos culpados? Nós certamente não seríamos culpados de aumentar o "mal" do mundo.

Na verdade, podemos argumentar que a ética considera e valoriza as ações individuais em seu significado intrinsecamente digno e não mede as conseqüências nulas que elas teriam em um universo infinito.

Não é um grande consolo. Além disso, ninguém jamais admitirá que podemos matar uma pessoa, com a desculpa de que em um universo infinito existem, no entanto, cópias infinitas.

Se matarmos uma pessoa em um universo infinito, isso não tem relevância, porque essa pessoa será morta inúmeras vezes de formas infinitas.

Do ponto de vista de toda religião ou filosofia, mas também de acordo com a lógica comum, é absolutamente desejável que o universo seja concluído. Um universo claramente delimitado, mesmo inserido em um espaço infinito, seria mais tranquilizante para todos.

Para concluir, se o cosmos fosse infinito, a possibilidade de viver em um canto bem circunscrito, como em uma casca de noz, certamente seria preferível.

Infinito em um espaço finito

Imagine um piano. As chaves começam e terminam. Você sabe que as chaves são 88, você não tem dúvidas. As chaves não são infinitas. Você é infinito, e através dessas teclas você pode tocar música infinita. As chaves são 88, mas você é infinito.

(Alessandro Baricco, escritor italiano)

Um sonho premonitório

Há alguns anos, pesquisando na web, deparei-me com o blog de uma senhora inglesa. Infelizmente, não me lembro exatamente do nome dele. Uma página do blog me impressionou particularmente. No texto, a senhora contou uma anedota que interessava a sua mãe idosa, a quem chamamos Margaret por conveniência. Margaret tinha o hábito de assistir a palestras dadas por personagens mais ou menos conhecidos, qualquer que fosse o assunto discutido. Nos dias seguintes a cada conferência, Margaret transcreveu suas impressões em seu diário pessoal. A partir desse diário, a filha retomou o episódio que narro abaixo.

Na década de 1960, Margaret teve a oportunidade de participar de uma conferência-conversação. Outros oradores incluíam um jovem que acabara de se formar em ciências naturais e serviu no Trinity Hall, em Cambridge. Seu nome era Stephen Hawking (figura 1).

Nesse período, o tema de maior interesse nesse tipo de reunião era a origem do universo. Os debates se concentraram quase sempre no Big Bang. De fato, na época, essa teoria ainda não era aceita por todos. No final da reunião, os oradores reuniram-se com o público e Margaret perguntou ao jovem Stephen, que a havia impressionado com sua capacidade de argumentar, como sua paixão pela astronomia nasceu. Hawking ainda era jovem e certamente não queria decepcionar sua universidade, que havia organizado o encontro. Portanto, ele não deu uma resposta precipitada para Margaret, mas ele contou a ela um episódio de sua vida quando criança. Como sempre aconteceu, o episódio narrado por Hawking foi escrito no diário de Margaret.

Na idade de cinco ou seis anos, o pequeno Stephen estava presente em uma conversa entre seus pais, Frank e Isobel, e um personagem distinto. Stephen também escutou a conversa e ficou impressionado com uma discussão curiosa. O interlocutor desconhecido disse, em um certo ponto, que se alguém quisesse ter sucesso na vida ele teria que revelar algum mistério não resolvido, por exemplo, a infinitude do universo ou a interpretação correta do Apocalipse.

Essa afirmação impressionou Stephen. Embora ele fosse muito jovem, o fogo sagrado do conhecimento e a ambição de afirmar-se na vida já estavam presentes nele.

Ele rapidamente descartou a opção Apocalipse. Como era um livro sagrado, ele não saberia como obtê-lo. Ele sabia que não poderia nem pedir o livro de seu pai, já que o homem não estava interessado em assuntos religiosos.

Por isso, decidiu que descobriria o mistério do infinito. A partir daquele momento, ele começou a examinar o céu sempre que tinha a chance. O céu era um ótimo livro grátis, e podia ser lido sem a permissão de ninguém.

Muitos anos depois, certa noite, Stephen adormeceu meditando sobre o problema do infinito e teve um sonho surpreendente. Ele via o universo como uma roda gigantesca feita de fragmentos luminosos, que giravam lentamente sobre si mesmos, como um caleidoscópio gigante.

Naquele momento, no sonho, ele teve a clara sensação de ter entendido o que era o universo. A verdade estava diante de seus olhos. Ele revelou o segredo do universo infinito. Ele só tinha que esticar a mão para entender esse mistério e se apropriar dele. Tudo ficou muito claro na mente do jovem Hawking, além de qualquer dúvida.

Infelizmente, quando ele acordou, percebeu com grande desapontamento que a verdade, tão rapidamente compreendida, lhe escapou tão rapidamente.

Certamente, uma grande roda girando não tem começo nem fim, então pode ser considerada infinita. No entanto, o mistério não está resolvido. O problema sempre permanece de saber o que está além dos limites externos da roda.

Stephen ficou com a sensação amarga de ter encontrado a explicação do universo infinito, mas de tê-lo perdido imediatamente depois. Essa consciência o fez viver o resto de sua vida com o desejo de recuperar essa verdade.

Podemos aceitar algumas suposições. A história contada por Margaret é verdadeira. A filha de Margaret transcreveu corretamente a história em seu blog. Minhas lembranças me permitiram reconstruir a história corretamente. Essas premissas são verdadeiras. Por que eles não deveriam fazer isso? Com base nessas premissas, podemos dizer que o sonho do jovem Stephen foi um episódio de sincronicidade. O sonho era uma sincronicidade porque antecipava uma missão confiada a um grande homem.

Essa sincronicidade envolveu e inspirou o jovem Stephen. Ele foi capaz de antecipar o mistério que ele iria perseguir durante toda a sua vida, depois de ter vislumbrado por um momento. Entre Hawking e o infinito estabeleceu-se um relacionamento como o que une *Narciso e Boccadoro* no romance de mesmo nome de Hermann Hesse:

> "Nossa tarefa não é se aproximar, assim como o sol e a lua, ou o mar e a terra, não se aproximam.
> Nós dois, querido amigo, somos o sol e a lua, somos o mar e a terra. Nossa tarefa não é nos transformarmos uns nos outros. Pelo contrário, nosso objetivo é

nos conhecermos. Precisamos aprender a ver e respeitar o que ele é do outro. Somos reciprocamente opostos e complementares ".

O conceito da roda torna possível avaliar o mistério do infinito de um ponto de vista insuspeitado para o nosso modo de pensar. Concebemos o tempo e o espaço de acordo com uma representação linear, como na parte superior da figura 9. O tempo e o espaço tiveram um começo e continuam ao longo de uma linha infinitamente longa.

Na verdade, você pode adicionar uma unidade a cada número para aumentá-la até o infinito. Da mesma forma, outra linha pode ser adicionada a cada linha por um número infinito de vezes.

Em vez disso, a representação circular do espaço-tempo, como pode ser vista abaixo na mesma figura, permite-nos imaginar uma sequência finita, mas ao mesmo tempo, infinita de eventos. As partes da roda estão livres de qualquer início e qualquer terminação.

A configuração circular do espaço-tempo também possibilita estabelecer uma conexão entre o sonho recém-narrado e algumas interpretações filosóficas do infinito.

Figura 9 - Continuum espaço temporal. Acima da representação linear, onde o espaço-tempo tem um começo e prossegue até o infinito. Abaixo da representação circular, onde não é possível identificar o início ou o fim. O ciclo circular é repetido eternamente.

Figura 10 - Algumas mandalas. Geralmente estas representações são coloridas.

Com certeza, Stephen ficou pensando por um longo tempo sobre a multidão de objetos coloridos giratórios dispostos em forma circular.

Certamente, no final de suas reflexões, ele percebeu que o que ele havia sonhado era uma *mandala*.

A mandala

Há um sinal simbólico presente em praticamente todas as culturas e em todos os tempos: na língua sânscrita, seu nome é "mandala", uma palavra que pode ser traduzida como "*círculo*". Hoje, "mandala" é o termo universalmente difundido para figuras semelhantes às da figura 10. Uma mandala também é reproduzida na capa do livro. Na maioria dos casos, são figuras coloridas.

O símbolo do círculo com poderes especiais já está presente no início da aurora da humanidade. A primeira mandala conhecida é uma Roda do Sol que remonta ao Paleolítico da África Austral. Círculos de pedra neolíticos, como o Stonehenge, são bem conhecidos.

Além disso, até mesmo o símbolo da espiral, puramente mandálico, está presente em toda parte. Nas representações simbólicas dos povos neolíticos, a espiral representava o Sol, a fonte da vida.

Certamente, na elaboração simbólica da mandala, o fato de as formas mandálicas estarem presentes em toda parte na natureza influenciou. Isto é particularmente verdadeiro no campo da biologia. As formas de flores, árvores e muitos animais lembram a forma circular da mandala. Muitas partes de organismos biológicos, como os olhos, também lembram a forma da mandala.

Mas a figura da mandala marca todo o Universo, porque o encontramos nas galáxias, na forma e rotação dos planetas, nas órbitas de cometas e asteróides e até no horizonte de eventos dos buracos negros.

Uma pesquisa foi realizada recentemente nas universidades do Northwestern, Harvard e Yale, setor de partículas subatômicas.

Equipes de estudo realizaram experimentos para examinar a forma do elétron. A conclusão foi que o elétron é perfeitamente redondo. Na declaração final Gerald Gabrielse, que coordenou a pesquisa das três universidades, afirma:

> "Nossa pesquisa é muito significativa do ponto de vista científico, porque confirma o modelo padrão da física de partículas e exclui modelos alternativos.
>
> Qualquer modelo alternativo teria exigido abordagens diferentes para o estudo da matéria e da antimatéria."

De acordo com o hinduísmo e o budismo, em qualquer forma circular é possível ver uma mandala. Nessas filosofias orientais, a mandala geralmente tem poderes de proteção e é uma fonte de cura.

No Ocidente, a ideia do círculo protetor encontra-se em numerosas danças folclóricas, bem como no círculo infantil.

Entre os redskins da América, as rodas da medicina (Wheels of medicine) são generalizadas. Estes são círculos de pedra no centro dos quais as pessoas que buscam a cura são colocadas.

Alce Nero era um xamã, ou curandeiro, na tribo Sioux do Oglala. Em uma série de entrevistas coletadas por dois jornalistas, John G. Neihardt e Giuseppe Epes Brown, Alce Nero relata sua experiência e sua espiritualidade. Em uma dessas entrevistas, ele afirma:

> "Todas as coisas feitas pelo" Poder do Mundo "são feitas em um círculo. A abóbada do céu é redonda. A Terra é redonda como uma bola. Todas as estrelas são redondas. O vento, no seu auge, gira como um vórtice. Aves fazem seus ninhos em uma forma circular. O Sol, que é redondo, sobe e desce ao longo do círculo do céu. A lua faz o mesmo. Até as estações formam um grande ciclo circular em sua sucessão ".

Jung e as mandalas

Carl Gustav Jung (figura 11) dedicou-se ao estudo da mandala durante vinte anos. Durante esse tempo ele escreveu quatro ensaios sobre o assunto. Em suas memórias, Jung diz:

> "Todas as manhãs eu desenhava em um caderno uma pequena figura circular, uma Mandala. O desenho traçado tinha que corresponder à minha condição íntima. Um pouco de cada vez, descobri o que a Mandala realmente é. A Mandala representa o Self, a personalidade em sua totalidade. Uma mandala harmônica representa a harmonia da pessoa, quando tudo está bem ".

O interesse de Jung por este símbolo deve ser colocado no contexto de suas teorias sobre o inconsciente coletivo e sobre os arquétipos.

Segundo Jung, o homem tem uma consciência individual e um inconsciente individual. Entretanto, além disso, o homem pode dialogar com o inconsciente coletivo. O inconsciente coletivo é um "recipiente psíquico" externo ao homem. No inconsciente coletivo existem os conhecimentos e experiências de toda a humanidade, memorizados na forma de "arquétipos". Os arquétipos têm três características principais:

Os arquétipos são universais, isto é, são um tesouro de toda a humanidade.
Os arquétipos são impessoais, isto é, são independentes da consciência das pessoas individuais.
Os arquétipos são hereditários, isto é, todos podem usá-los livremente.

Segundo Jung, a parte inconsciente do homem pode ser examinada de duas maneiras:

-O inconsciente pessoal contém sobretudo os complexos que administram a intimidade pessoal da vida psíquica.
-O inconsciente coletivo contém as representações chamadas arquétipos. Muitas vezes esses arquétipos se manifestam através dos sonhos. De fato, os sonhos são o melhor lugar onde a narração é livre da vontade e experiência daqueles que sonham. Ninguém pode decidir qual sonho fazer.

Em seu livro "*Der Mensch und Sena Symbole*", Jung afirma:

"A Mandala é o arquétipo da ordem interna. A figura circular expressa o fato de que existe um centro e uma periferia. A periferia tenta abraçar o todo. O círculo mandálico é o símbolo da totalidade. Quando na psique do paciente há grande desordem e caos, o símbolo mandálico pode aparecer em sonhos, ou em fantasias ou desenhos livres. A mandala aparece espontaneamente. Nestes casos, a mandala é um arquétipo que compensa a desordem. A mandala pode levar a ordem ou pode mostrar a possibilidade da ordem... ".

A teoria de Jung sobre o inconsciente coletivo foi desafiada por muitos. Diante das dúvidas de seus colegas, Jung sustentou sua tese com esses argumentos:

"O homem desenvolveu a consciência lenta e laboriosamente. Foi um processo que levou, após muitos séculos, à civilização. O início da civilização é identificado com a invenção da escrita, por volta de 4000 aC.

No entanto, a evolução da espécie humana não é completa, uma vez que muitos aspectos do funcionamento da mente ainda estão envoltos em trevas. O que chamamos de "psique" não corresponde de modo algum à consciência e seu conteúdo.

Quem nega a existência do inconsciente supõe que nosso conhecimento atual da psique é total. Esta opinião é falsa. Mesmo a suposição de que sabemos tudo o que há para saber sobre o universo é falsa. Nossa psique é parte de natureza desconhecida e os enigmas da psique são infinitos.

Portanto, é impossível definir a psique e a natureza. Só podemos descrever o pouco que entendemos sobre a natureza e a psique.

Podemos descrever seu funcionamento apenas com base no pouco que conhecemos.

Consequentemente, existem fundamentos lógicos consideráveis para rejeitar afirmações como aquelas de acordo com as quais "o consciente não existe". Além disso, há muitas evidências acumuladas pela pesquisa médica.

Figura 11 - Carl Jung elaborou a teoria do inconsciente coletivo e a da sincronicidade.

O universo é inteligente. A alma existe.

Figura 12 - Wolfgang Pauli, físico, ganhador do Prêmio Nobel de 1945, trabalhou extensivamente com Carl Jung. Os dois cientistas procuraram um método para unificar os papéis da matéria e da psique no universo.

A ideia de que uma planta ou um animal se inventam nos faz rir. No entanto, muitos acreditam que a psique ou a mente se inventaram e criaram sua própria existência por conta própria.

Na realidade, a mente evoluiu para sua atual fase de consciência, da mesma forma que a bolota se transforma em carvalho. No mesmo nó, os saurianos tornaram-se gradualmente mamíferos. A mente continuou a se desenvolver durante um período muito longo de tempo. A mente ainda continua a se desenvolver. Como resultado, nós, seres humanos, estamos sujeitos tanto à ação de forças internas quanto à ação de estímulos externos.

Essas forças nascem de uma fonte profunda, que não é constituída pela consciência. São forças que não são controladas pela consciência.

Na mitologia primitiva, essas forças eram chamadas de "mana", ou "espíritos, demônios e divindades". Hoje em dia, essas forças estão ativas como sempre estiveram no passado. Se essas forças se ajustam aos nossos desejos, nós as consideramos como sentimentos ou impulsos positivos e nos parabenizamos por sermos bem-vindos pelo destino.

Se, em vez disso, essas forças se opuserem a nós, então dizemos que somos perseguidos pela má sorte. Às vezes dizemos que algumas pessoas nos querem mal. Também achamos que a causa de nossos infortúnios pode ser patológica. A única coisa que nos recusamos a admitir é que estamos à mercê de "forças" que não podemos controlar ...

... Não há diferença de princípio entre desenvolvimento orgânico e psíquico. A psique cria seus próprios símbolos, assim como a planta produz a flor. Cada sonho constitui uma prova desse processo ".

De acordo com Jung, pode acontcccr que nos sonhos haja figuras mandálicas, especialmente durante períodos de maior sofrimento psíquico. Essas figuras pretendem estabelecer uma ordem interna. A figura da mandala exerce uma ação positiva, porque representa uma racionalização, um "reordenamento" das tensões.

De fato, a mandala é composta por um centro preciso e contornos confiáveis. Os sinais dentro dele são distribuídos de maneira geometricamente ordenada.

Os limites da mandala incluem uma área de segurança onde o sonhador está sob proteção mágica. Protegido pelo círculo protetor, quase como um novo útero, o homem está a salvo de qualquer ataque externo. Nestas fronteiras ele se sente seguro e recupera a serenidade necessária para buscar seu centro, que é ele mesmo.

No centro da mandala, o indivíduo encontra a segurança que havia perdido, ou mesmo a segurança que ele já não acreditava possuir.

Uma aluna de Jung, Marie Louise Von Franz, destaca um outro aspecto que pode ser considerado mais importante que a recuperação da centralidade. Segundo este estudioso, a mandala é um símbolo de "novo começo" ou reinício. A figura da mandala gera o impulso necessário para dar forma a algo que ainda não existe. Portanto, a mandala tem um poder criativo, graças ao qual se torna possível imaginar novas propostas e soluções.

Após longos estudos, Jung chegou à conclusão de que a mandala pode ser considerada um arquétipo do inconsciente coletivo pelas seguintes razões:

- **A frequência**, constância e regularidade com que estas figuras aparecem nas mais diversas eras e civilizações.

- **A presença de um centro** para o qual todo o sistema figurativo é orientado.

O delineamento da mandala geralmente tem a forma de um círculo, mas também pode ser semelhante a um polígono ou uma cruz.
Muitas vezes a delimitação consiste em motivos ornamentais como, por exemplo, pétalas de flores.
Portanto, para Jung, a mandala tem as seguintes características:

- **Ordem e beleza**. A mandala representa a ordem, mas também a estética do universo.
- **Compensação** A mandala compensa a necessidade de mergulhar em uma dimensão que cura e dissipa qualquer desordem.
- Paz. A mandala permite que você encontre uma dimensão espiritual serena.
- **Misticismo**. A mandala tem um sentido místico quando coloca o homem no centro. O homem no centro da mandala está misticamente localizado no meio entre o céu e a terra. Nesta posição, o homem anseia fundir-se na síntese desses dois mundos.
- **Cura**. A mandala libera uma força de cura que não depende da vontade ou da consciência.
- **Propriedades naturopatas**. Mandalas são a tentativa da natureza de intervir de maneira curativa na psique dos indivíduos. Eles são a manifestação de uma terapia natural de origem quase mística.

No mesmo livro "*O homem e seus símbolos*", Jung diz:

"Nos últimos tempos, o homem civilizado adquiriu uma poderosa força de vontade que ele aplica em todas as ocasiões. Ele aprendeu a fazer seu trabalho efetivamente sem a ajuda de canções litúrgicas ou tambores. Ele não precisa mais usar o hipnotismo para agir.

Ele também pode fazer sem oração diária para invocar a ajuda divina. Ele pode fazer independentemente o que ele quer, porque ele consegue traduzir suas idéias em ação. Ele pode fazer isso em completa liberdade.

Em vez disso, o homem primitivo era condicionado em todos os momentos por medos, superstições e outros obstáculos invisíveis. Esses obstáculos ficavam entre o homem e a ação. Pelo contrário, a superstição do homem moderno está incluída no lema "Querer é poder".

Ainda assim, o homem contemporâneo paga o preço por uma séria falta de introspecção. O homem moderno não vê que, apesar de toda a sua racionalidade e eficiência, ele ainda é dominado por "forças" incontroláveis.

As divindades e os demônios não desapareceram: eles apenas mudaram seus nomes. Eles mantêm o homem em um estado de agitação incessante. Divindades e demônios se manifestam através de medos vagos e complicações psicológicas. Consequentemente, o homem tem uma necessidade insaciável de pílulas, álcool, tabaco e comida. Divindades e demônios continuam a impor um pesado fardo de neurose sobre eles ".

O ovo cósmico

Quando nada existia ainda, uma deusa chamada "Vagando em espaços amplos" dançou no vazio do cosmos. Na ausência de tudo, a deusa não tinha nada para contemplar além de si mesma. Ela ficou satisfeita com seus movimentos e se apaixonou por sua dança. Seus movimentos, a princípio lentos e depois cada vez mais rápidos, tornaram-se frenéticos ao ponto de gerar o vento norte, chamado Borea. Este vento, desejando acasalar com a deusa, tornou-se a serpente Ophion. Por sua vez, Ophiion transformou a deusa em uma pomba branca. Sob a forma de uma pomba, a deusa gerou o fruto da união, o "Ovo Cósmico", do qual todas as coisas se originaram.

Esta deusa é lembrada pelos sumérios como "Pomba Divina". A mitologia grega lembra-o com o nome de Eurinome.

Esta história deriva dos estudos mitológicos de Robert Graves, poeta e ensaísta britânico.

Podemos adicionar uma nota de fofoca. Em um ponto, a serpente Ophion se gabou de que ele era o criador de tudo. Isso foi o suficiente para a Pomba Divina se sentir ofendida. Para se vingar, ele quebrou todos os dentes de Ofion com um chute.

Mircea Eliade é um estudioso romeno nascido em Bucareste em 1907. Ele é um acadêmico de vasta cultura. Mircea escreve essas palavras sobre a origem do universo em seus estudos sobre o mundo oriental arcaico:

> "O mito do ovo cosmogônico, atestado na Polinésia, é comum na antiga Índia, na Indonésia, no Irã, na Grécia, na Fenícia, na Letônia, na Estônia, na Finlândia, no povo Pangwe, da África Ocidental. para a América Central e a Costa Oeste da América do Sul ".

Desde os tempos antigos, as referências ao ovo cósmico podem ser encontradas entre os babilônios e os sumérios. Da Mesopotâmia, dois milênios antes de Cristo, a tradição se espalhou na Índia e no antigo Egito. Mais tarde, o mito do ovo cósmico também se desenvolveu na China, nas regiões celtas da Europa e na África.

A história de Eurinome também é contada nas mitologias dos pelas. Nessas tradições, como em muitos outros, o ovo cósmico é um ovo de réptil porque é colocado pela serpente Ophion, que é provavelmente o mítico Basilisco.

Para os celtas, o ovo cósmico, cujo nome é Glain, tem uma cor avermelhada e foi colocado na praia primordial por uma serpente marinha.

Na religião taoísta chinesa, o ovo cósmico é descrito no mito de Pangu. Pangu cria o mundo com a ajuda da serpente de chifres Qilin, a tartaruga, a Fênix e o dragão.

No Egito, o ovo cósmico é colocado pela Fênix, uma criatura mítica parecida com uma ave. A Fênix tem uma respiração geradora de vida, da qual nasce o deus do ar Shu. Quando está prestes a morrer, a Fênix constrói um ninho em volta de si. Nesse ninho, o Phoenix gera o fogo que o consome completamente. No entanto, desta combustão é gerado outro ovo, que é cuidado pelo Sol até que a Fênix nasça de novo.

Figura 13 - Visão esotérica do ovo cósmico

Na tribo africana Bambara diz-se que no começo de tudo havia apenas um ovo vazio. Esse vazio foi preenchido pelo sopro criativo do Espírito. Todas as coisas nasceram daqui.

Uma das tradições mais interessantes é aquela narrada na religião hindu. Inicialmente o ovo cósmico ou "Hiranyagarbha" flutuava no oceano primordial, envolto na escuridão da inexistência.

Quando o ovo eclodiu, Brahma introduziu a humanidade através do "Om". Esta sílaba permite a emissão respiratória, portanto, no hinduísmo, representa a respiração vital original.

A parte superior da casca do ovo cósmico é feita de ouro, e desta parte o céu nasce. Em vez disso, a metade inferior do ovo é feita de prata e daqui a terra nasce. Esta criação é cíclica: o Universo se desenvolve a partir do ovo cósmico. Posteriormente, o universo se corrompe até chegar ao fim. Do final de um Universo, outro Universo nasce e depois outro. Esta série de ciclos é o "kalpa".

Estas são apenas algumas das narrativas mitológicas sobre o ovo cósmico.

De fato, o ovo presta-se muito bem a ser considerado a origem de todas as coisas. Primeiro de tudo, não tem cantos nem arestas. A forma do ovo é elíptica, no entanto a elipse não tem começo nem fim, assim como o círculo. É por isso que o ovo pode representar algo que sempre existiu e dura para sempre. O ovo é um símbolo de fertilidade e pode ser considerado a semente primordial, o primeiro embrião que emerge do caos para gerar tudo o que existe.

Um ditado latino afirma "Omne vivum ex ovo", isto é: "tudo o que vive vem de um ovo".

Na religiosidade egípcia, o ovo representava o cosmos, porque continha os quatro elementos cósmicos. A concha representava a terra, a gema vermelha representava o fogo, o albume transparente representava a água. Em vez disso, o quarto elemento, que é o ar, foi representado pelo ambiente que envolve o ovo.

Uma maravilhosa interpretação gráfica do ovo cósmico encontrou a concretização na ideia matemática do zero. O Zero é o arquétipo feminino primordial do qual todos os números descendem. Isso acontece porque o Zero é fertilizado pelo Um.

Como o ovo clássico, zero representa "um nada que produz algo vivo".

Na visão alquímica, o ovo é um arquétipo que pode trazer todos os elementos de volta à sua condição original de pureza.

Como já mencionado, os egípcios associavam os quatro elementos (terra, fogo, água e ar) a quatro partes do ovo. Em vez disso, os alquimistas associavam as três partes mais óbvias do ovo a três ingredientes alquímicos essenciais. A casca estava associada ao sal, o albúmen estava associado ao almercium e a gema estava associada ao enxofre.

Segundo os mestres alquimistas, esses três elementos, combinados nas doses certas, poderiam levar à criação da Pedra Filosofal, isto é, ao cumprimento da "Grande Obra". A Pedra Filosofal poderia transformar os metais menos nobres em ouro.

Nas mandalas, o ovo aparece como o símbolo alquímico do "todo".

Quanto à nossa vida cotidiana, podemos ver que o simbolismo do ovo primordial, gerando vida, ainda está contido na tradição do ovo de Páscoa. Na tradição cristã atual, simboliza a ressurreição de Jesus do sepulcro. O sepulcro, semelhante ao ninho da Fênix, é o lugar onde Cristo renasce, a origem e a salvação de todo o universo.

Com efeito, no entanto, a dádiva do ovo é muito mais antiga e até remonta aos persas, entre os quais a tradição de trocar simples ovos de galinha no início da primavera era generalizada. O ovo representava um desejo de fertilidade e abundância para as safras de verão e outono. Obviamente, essas culturas eram vitais para comunidades baseadas na agricultura.

O ovo cósmico e a física atual

Com base no que foi dito, parece que o ovo cósmico está confinado a histórias mitológicas ou alquímicas.

No entanto, nas últimas décadas, a ideia do ovo cósmico também infectou o mundo da astrofísica. Isso aconteceu especialmente desde que a ciência começou a avaliar o tema de uma singularidade primordial. Desta singularidade, através da grande explosão do Big Bang, todo o Universo teria sido gerado.

De fato, a atual concepção astronômica configura um universo em expansão. Esta teoria deriva das observações de Edwin Hubble e, posteriormente, da teoria geral da relatividade de Albert Einstein.

Se viajarmos de volta pela expansão do universo, transformando-o em uma contração, o universo se tornará cada vez menor. Em algum momento chegamos a uma dimensão tão pequena e densa que não pode ser descrita com nenhum termo físico e, portanto, é chamada de "singularidade".

Poucos conhecem um aspecto geralmente negligenciado da biografia de Erwin Schrödinger, cientista austríaco que venceu o Prêmio Nobel de 1933 em Física. Schrödinger desenvolveu uma série de resultados fundamentais no campo da teoria quântica. Ele é conhecido pelo público em geral por sua experiência chamada "paradoxo do gato".

Além do rigor científico de seus estudos, Schrödinger tem se interessado por toda a vida no hinduísmo e na filosofia Vedanta.

Neste contexto, ele expressou repetidamente sua posição filosófica. Segundo Schrödinger, é possível que a consciência individual seja apenas a manifestação de uma consciência global e unitária que permeia o universo.

Não é de surpreender, portanto, que Schrödinger quisesse aplicar o conceito do ovo cósmico aos seus estudos em mecânica quântica, ligando-o ao de um universo em expansão nascido de uma "singularidade".

O encontro entre Jung e Pauli

Carl Jung estudou o fenômeno de "coincidências estranhas" por um longo tempo, e então os atribuiu com um caráter "numinoso", isto é, divino.

Precisamente por causa de uma daquelas estranhas coincidências, em janeiro de 1932, Jung recebeu, em seu ateliê em Zurique, uma visita de um personagem que marcaria o resto de sua vida.

O visitante foi Wolfgang Pauli (figura 12), um professor austríaco que ensinou Física Teórica no Instituto Federal de Tecnologia da mesma cidade. Pauli decidira pedir ajuda psicológica a Jung porque ele havia sido vítima de uma série de pesadas adversidades.

Em novembro de 1927, Berta Camilla Schütz, mãe de Pauli, suicidou-se. Ela tinha apenas 49 anos e era escritora e feminista comprometida com o socialismo.

No ano seguinte, o pai de Pauli se casou novamente com Maria Rottler. Wolfgang não aceitou o segundo casamento, porque Maria era uma jovem de sua idade.

Além disso, em dezembro de 1929, Wolfgang se casou com Käthe Margarethe Deppner, uma dançarina profissional. Desta forma, ele pensou em encontrar uma acomodação no nível dos sentimentos. Infelizmente, o casamento deu errado imediatamente e os dois se divorciaram, em menos de um ano, em novembro de 1930.

Todas essas circunstâncias criaram considerável desconforto psicológico no jovem professor. Apesar de sua prestigiosa posição acadêmica, Pauli bebeu muito álcool e passava as noites em lugares públicos. Infelizmente, incomodou os outros clientes e foi contencioso, por isso os gerentes das instalações foram forçados a expulsá-lo.

Pauli voltou-se para Jung, porque o cenário racional de sua psique, típico de um cientista como ele, fez com que ele compreendesse, em momentos de lucidez, a extensão do desequilíbrio que estava experimentando. Mais tarde ele teria chamado esse período de "a grande neurose".

Jung descreve o encontro com Pauli em seu diário:

> "Eu tive o caso de um professor universitário, um intelectual muito mono-orientado. O inconsciente desse cliente está chateado e muito ativo. Ele se projeta em outros homens a quem vê como inimigos e se sente terrivelmente sozinho, porque acha que todos estão contra ele ".

No entanto, Jung reconheceu em Pauli, desde o primeiro encontro, uma capacidade intelectual formidável e uma grande preparação científica em sua profissão, isto é, no ramo da física.

Desde o início, Jung queria estabelecer um diálogo com Pauli no nível da ciência, em vez de em um nível terapêutico. Por essa razão, o psicólogo considerou correto confiar o cuidado do paciente a uma de suas colaboradoras mais qualificadas, a Dra. Erna Rosenbaum. Isso permitiu que ele cuidasse do paciente tratando-o como um amigo, sem desempenhar o papel de terapeuta.

Ele conversou com Pauli em todas as circunstâncias que podem ter algo a ver com seus interesses científicos.

Mais de 1500 dos sonhos de Pauli foram registrados e analisados durante o período de terapia. Jung usou muitos desses sonhos durante seus estudos, não como terapeuta, mas como cientista.

Em última análise, o caminho psicanalítico produziu muitos benefícios em Pauli. Mas foi acima de tudo o começo de uma colaboração baseada numa troca recíproca de experiências entre duas mentes iluminadas.

Em particular, os dois investigaram as possíveis ligações entre os estudos psicanalíticos de Jung e a física quântica, uma ciência da qual Pauli foi um dos fundadores (recebeu o prêmio Nobel em 1945). Pauli estava especialmente interessado no conteúdo da teoria da sincronicidade, que Jung estava desenvolvendo naqueles anos.

De fato, os dois sentiram uma conexão profunda entre o comportamento das partículas elementares e muitos fenômenos inerentes à teoria da sincronicidade.

As partículas estudadas por Pauli pareciam manifestar uma inteligência com características psíquicas, isto é, não mecanicistas. Estes eram comportamentos independentes do assunto e das leis determinísticas da física tradicional.

De 1932 a 1957, Jung e Pauli mantiveram contatos constantemente. Em 1940, após a eclosão da Segunda Guerra Mundial, Pauli emigrou para os Estados Unidos, onde se tornou professor de Física Teórica em Princeton. Daquele momento em diante, os contatos continuaram com a troca de cartas.

O diagrama psíquico de Pauli e Jung

Entre junho e dezembro de 1950, Jung e Pauli, em sua correspondência, completaram a elaboração de um "quaternário". O objetivo era representar uma realidade cósmica em que matéria e psique se reconciliavam em um projeto colaborativo comum.

É interessante reconstruir a evolução do pensamento dos dois cientistas. A elaboração do "quaternário" se deu por meio de propostas e ajustes posteriores.

Todas as citações seguintes são retiradas da coleção das cartas de Jung e Pauli. A coleção completa é publicada no volume "*Jung e Pauli. Il carteggio originale: l'incontro tra psiche e materia*" foi editado por Eva Pattis Zoja e Carla Stroppa para a editora Moretti e Vitali.

Em uma carta enviada por Kusnacht em 20 de junho de 1950, Jung comunica casualmente a Pauli alguns insights sobre os sonhos que estava estudando. No final de suas elaborações, Jung desenha uma representação esquemática referente a um dos sonhos: (*ver D-1*)

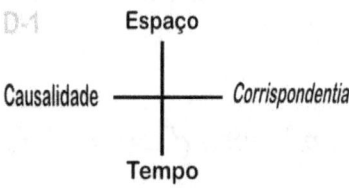

Provavelmente, Jung traçou esse padrão apenas para comentar um sonho. Ele não imaginava que Pauli teria aproveitado a oportunidade usando o mesmo esquema, que ele definiu como "quaternário", de acordo com um conceito muito mais amplo.

De fato, naquela época, Pauli estava procurando a resposta para uma pergunta que ele não poderia resolver. Pauli pediu a opinião de Jung em uma carta enviada por Zollikon-Zurique em 24 de novembro de 1950:

> "... Isso me leva à questão cuja discussão constitui uma parte importante desta carta.

Como os fatos que constituem a física quântica moderna se relacionam com os fenômenos ligados ao novo princípio da sincronicidade? Em primeiro lugar, é certo que ambos os tipos de fenômenos ultrapassam os limites do determinismo "clássico" ... Para mim esta questão é de particular importância. Como meus estudos são sobre física, tenho discutido e refletido sobre isso há um ano. "

A questão é endereçada a Jung, mas Pauli provavelmente já tinha uma resposta em mente. De fato, depois de algumas linhas, Pauli retoma o tema do quaternário:

"Para enfatizar a diferença entre microfísica e outros casos em que o psíquico está envolvido, em 1948 eu publiquei um ensaio sobre a *Hintergrundpsyche*. No artigo, propus um esquema quaternário em que os dois casos devem corresponder a diferentes pares de opostos. O primeiro par de opostos: (*veja D-2*) pertence à física:

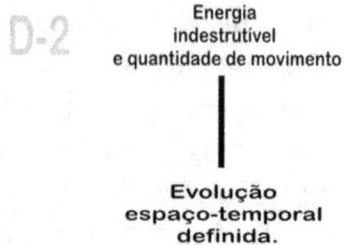

Em vez disso, outro casal: (veja D-3) pertence à psicologia:

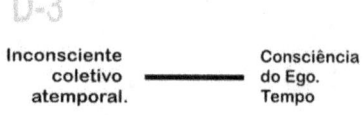

É claro que não posso dizer que essa quaternidade seja adequada à teoria da sincronicidade.

No entanto, meu esquema tem a vantagem de que espaço e tempo não são colocados em oposição um ao outro.

A oposição entre tempo e espaço é uma solução que repele particularmente qualquer físico moderno.

Portanto, no meu papel de físico, o contraste entre espaço e tempo expresso em seu esquema parece-me dificilmente aceitável.

Em primeiro lugar, o espaço e o tempo não formam um verdadeiro par de opostos, pois o espaço e o tempo podem ser aplicados simultaneamente aos fenômenos.

Em segundo lugar, lembro-me de que você mesmo produziu, em outros casos, formulações a favor da identidade essencial entre espaço e tempo ".

Pauli não hesita em submeter o pensamento de seu médico e psicólogo aos princípios científicos e metodologias mais rigorosos. No entanto, Pauli deseja continuar a discussão de uma forma construtiva, então ele formula uma proposta de compromisso:

"... Então eu sugeriria a seguinte proposta de compromisso para um esquema quaternário. O esquema que proponho evita a sobreposição de tempo e espaço. Eu acredito que esta solução pode combinar as vantagens de nossos dois esquemas: (*veja D-4*)

Jung respondeu com uma carta enviada por Bolligen em 30 de novembro de 1950. Ele formulou vários argumentos sobre a separação do tempo e do espaço, do ponto de vista psicológico:

"... Espaço e tempo são conceitos intuitivos, portanto, em uma imagem do mundo intuitivo, eles são eternamente separados e contrários. No meu esquema, levo em consideração os critérios psicológicos. Nestes casos, estes são conceitos intuitivos-perceptivos e não abstratos ".

Mas Jung conclui desta maneira:

"Sua proposta de compromisso é muito bem-vinda, porque ele faz a

O universo é inteligente. A alma existe.

brilhante tentativa de transcender a intuição. Sua proposta completa a visão intuitiva do mundo através do que está no fundo. "

No entanto, Jung sugere modificar "aleatoriedade" e "sincronicidade". Jung assim motiva sua proposta:

"Meu esquema parece formular satisfatoriamente o mundo intuitivo da consciência. Este esquema satisfaz de um lado os postulados da física moderna e, de outro, os da psicologia do inconsciente ".
(ver D-5)

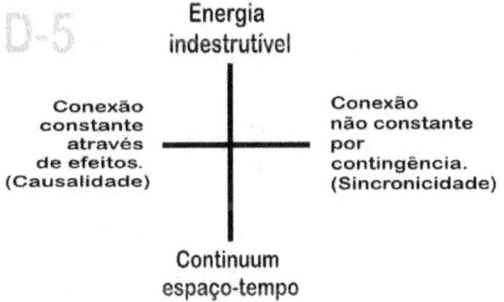

A resposta de Pauli veio novamente de Zollikon (Zurique) em 12 de dezembro do mesmo ano. Pauli concluiu a carta desta maneira:

"Eu não tenho dúvidas. A nova formulação do "quaternário da imagem do mundo" que me enviou é realmente a expressão mais apropriada. Além disso, esta formulação corresponde quase inteiramente aos meus desejos anteriores ".

A versão final do que é geralmente chamado de "diagrama psicofísico de Pauli-Jung" assume o aspecto simplificado que reproduzo abaixo (*ver D-6*). Hoje, o diagrama é citado em quase toda parte em estudos de psicologia.

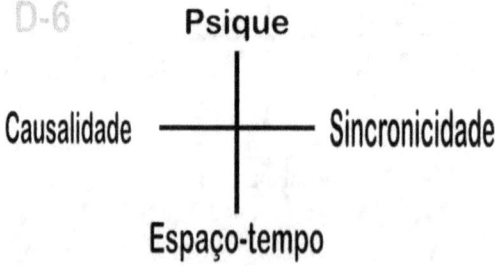

No braço esquerdo-direito do diagrama, a causalidade, ou determinismo, equilibra-se com a sincronicidade. Assim, os autores esperam uma colaboração entre a física mecanicista e o princípio da sincronicidade. De acordo com a física mecanicista (causalidade), todo evento está ligado à causa que o produz. Em vez disso, o sincronismo refere-se a eventos que são absolutamente desconectados um do outro. Mas esses eventos (coincidências) tornam-se coerentes quando o protagonista lhes dá significado. O plano horizontal do diagrama equilibra essas duas visões opostas.

O braço vertical representa, acima, o mundo da psique, que é equilibrado com o mundo da física clássica, colocado no fundo.

O mundo da psique é o da não-localidade, onde o tempo e o espaço não existem. Em vez disso, o mundo da física clássica é dominado pelas quatro dimensões conhecidas, três espaciais e uma temporal.

Vamos falar mais sobre Mandala

Muitos leitores não terão perdido o fato de que o diagrama psicofísico de Pauli-Jung pode ser comparado a uma mandala. De fato, os quatro braços simétricos podem ser colocados em uma borda quadrada ou redonda.

Precisamente por este motivo, na figura 18 apresento uma representação mandálica do diagrama psicofísico de Pauli-Jung. Como tudo não faria sentido se não fosse aplicado ao homem, no centro da mandala inseri o ícone do Homem de Vitrúvio.

O ícone central não quer representar apenas o habitante do planeta Terra, mas toda forma de inteligência presente no universo. De fato, a mandala de Pauli-Jung é um símbolo universal.

O infinito no finito

Vamos ainda considerar o grande gênio da literatura que foi Shakespeare.

Embora ele já era popular na vida, ele se tornou imensamente famoso após sua morte. Suas obras foram ampliadas por muitas personalidades influentes e tornaram-se objetos de estudo e representação. Atualmente, Shakespeare é considerado um dos mais importantes escritores de inglês e o mais eminente dramaturgo da cultura ocidental.

Graças a sua celebridade Shakespeare recebeu muitas homenagens também nas artes expressivas.

O universo é inteligente. A alma existe. 105

Figura 9 - A aparência de Shakespeare e suas obras foram imortalizadas no papel, no mármore e nas várias formas representativas do pensamento.

Na figura 14 podemos ver alguns exemplos de sua imagem e seu pensamento reproduzidos em várias formas artísticas.

No canto superior esquerdo, você pode ver um retrato de Martin Droeshout, um gravador inglês que ficou famoso justamente por ter criado esse trabalho.

O retrato de Droeshout tornou-se a ilustração decorativa do frontispício do "Primeiro Folio", a primeira coleção de obras completas de Shakespeare e foi publicado em 1623.

É claro que você vê o retrato de Droeshout reproduzido em papel, que está na página deste livro.

Na verdade, você pode ver a imagem reproduzida em muitos outros tipos de mídia, por exemplo, em tecido ou cerâmica.

Mas vamos considerar o exemplo do papel. Um lençol branco foi impresso com qualquer técnica a seu gosto. Então você pode ver a imagem reproduzida na folha. Antes de imprimir, a superfície da folha era branca. Agora, após a impressão, a superfície da folha é ocupada pela imagem de Shakespeare.

Deveríamos acreditar que esta era a única imagem imprimível na folha? Absolutamente não: qualquer outra imagem poderia ter sido impressa na mesma folha. Para ser preciso, um número infinito de imagens poderia ter sido impresso na mesma folha. Por exemplo, todas as pinturas famosas de todas as idades, Primavera de Botticelli, Guernica de Picasso ou Marylin de Andy Warhol; todos os corações esculpidos nas árvores por amantes, todos os desenhos incertos de crianças em carteiras escolares, todos os rabiscos que milhões de homens rastreiam enquanto atendem ao telefone, todas as pinturas "naïf" pintadas pelo macaco "Não-ja" ou por outros animais, e todas as geometrias surreais pintadas pela natureza, como as nuvens no céu, o curso sinuoso dos rios, as folhas amareladas ou as pegadas dos caranguejos que correm ao longo da areia perseguindo a onda que os trouxe para a praia.

Tudo isso, e infinitamente mais, poderia encontrar um lugar nessa folha. Portanto, a folha branca simples é uma "matriz" na qual podemos imprimir todo o universo.

Infelizmente, é uma matriz unidimensional. Após a multiplicação das sobreposições, a matriz ficaria confusa, depois incompreensível e, finalmente, completamente negra.

Na mesma figura 14, em cima à direita, podemos ver uma estátua de Shakespeare esculpida por Giovanni Fontana, um artista nascido em Carrara, Itália, em 1820. Em 1874 a estátua de Fontana foi colocada no centro dos Leicester Square Gardens em Londres. . O esboço desta estátua de mármore foi tirado de um monumento dedicado a

Shakespeare pelo escultor flamengo Peter Scheemakers. Este monumento original foi erguido em 1740 e está localizado no canto dos poetas da Abadia de Westminster.

Vamos voltar para a estátua de Fontana, reproduzida na figura 14. O mármore é uma matriz tridimensional. Se imaginarmos um único bloco de mármore, tanto a estátua de Giovanni Fontana como a de Peter Scheemakers poderiam ter se originado desse bloco.

De fato, a partir do hipotético bloco de mármore que estamos imaginando, todas as estátuas do mundo poderiam ter se originado, desde Pietà de Michelangelo a qualquer escultura de arte moderna. Cada bloco de mármore pode conter todas as Venus Paleolíticas encontradas em vários locais europeus, como a Senhora de Brassempouy na França, ou aquelas sem nome encontrado nas escavações do Balzi Rossi em Ventimiglia. O mesmo bloco de mármore pode conter as estátuas de todas as deusas e deuses de todos os tempos, as capitais de cada coluna, os andares de cada edifício, a Vitória de Nike, Amore e Psique de Canova ou O Beijo de Auguste Rodin, o " Biancone "da Piazza della Signoria em Florença ou o Cristo velado da Capela Sansevero em Nápoles.

De fato, cada bloco de mármore é uma matriz que potencialmente contém todas as estátuas do universo. Enquanto o bloco permanecer intacto, ele contém um número infinito de estátuas, cada uma misticamente esboçada na estrutura de sua matéria e potencialmente pronta para emergir.

Na frente de cada folha branca ou na frente de cada bloco de mármore, o artista vê e imagina seu projeto, escolhendo-o entre infinitos projetos possíveis, e o realiza. Infelizmente, o trabalho do artista prejudica a matriz e exclui a possibilidade de criar um trabalho diferente.

No entanto, quando um artista começa a esculpir a pedra, cada pedaço de mármore que se separa do bloco continua a conter estátuas potencialmente infinitas. Da mesma forma, se uma folha de papel é fragmentada, cada fragmento pode conter imagens infinitas.

Abaixo, à esquerda, na figura 14, podemos ver o frontispício do volume "Hamlet", que é provavelmente o trabalho mais famoso de Shakespeare.

O desenho descreve um livro, mas o trabalho não vem do livro. A matriz do trabalho é outra. O livro é apenas um veículo útil para representar o fruto de uma criação da imaginação do autor. Portanto, no caso da tragédia de Hamlet, a matriz não é o livro, mas a mente de Shakespeare, seu pensamento.

O pensamento é uma matriz na qual obras infinitas podem existir sem que uma atrapalhe a outra. Enquanto Shakespeare meditava sobre a realização de Hamlet ao mesmo tempo em seu pensamento existiam todas as obras escritas por ele, e naturalmente também aquelas não escritas, aquelas apenas esboçadas ou aquelas apenas imaginadas no brilho de um único instante ou no fragmento de um sonho confuso. .

A mente de Shakespeare poderia conter pensamentos infinitos e seu pensamento poderia criar histórias sem fim. Nenhuma história foi apagada quando surgiu outra. Todas as histórias permaneceram vivas e presentes, aguardando o momento delas.

O pensamento de Shakespeare, mas também o pensamento de todo homem, não é bidimensional ou tridimensional, mas tem dimensões infinitas. Graças a isso, o pensamento pode conter sugestões, idéias e histórias infinitas, sem que nenhuma delas danifique as outras.

Na figura 14, no canto inferior direito, o escultor destacou uma frase de Shakespeare tirada do Ato IV da Noite de Reis (Twelfth Night), Cena II.

A inscrição, que não precisa de comentários, é "There is no darkness but ignorance", e pode ser traduzida como "Não há outras trevas além da ignorância".

Nesse caso, apenas uma parte extremamente pequena do pensamento de Shakespeare é destacada. No entanto, esta frase curta não tem menos dignidade do que outras obras consideradas em sua totalidade. . Isto confirma que o pensamento pode criar e conter ao mesmo tempo obras infinitas, ou mesmo fragmentos minúsculos das mesmas obras. Estes são fragmentos que podem emergir e se manifestar apenas por um breve momento. Depois destas breves aparições, as ideias permanecem ocultas, podem ser esquecidas, mas nunca morrem.

O pensamento de um homem é uma matriz limitada, absolutamente pessoal, confinada na mente de uma única pessoa. No entanto, o pensamento é uma matriz que pode realmente conter todo o infinito ao mesmo tempo.

O pensamento é um "finito" que contém o infinito

Se quisermos imaginar um universo "finito", não podemos ignorar o conceito de infinito, também porque não sabemos como dar respostas lógicas a alguns problemas.

Estabelecer que uma coisa é "acabada" significa ser capaz de estabelecer um limite, além do qual a coisa não existe mais.

Bem, no entanto, além dessa fronteira, o que há lá? Alguns podem dizer "vazio", "nada". Estas não são respostas satisfatórias. De fato, até o vazio e o nada são "alguma coisa", eles existem como tais. Eles existem porque nós mesmos invocamos a existência deles. Portanto, além do primeiro "nada", devemos imaginar um segundo "nada", e depois um terceiro, até o infinito.

Se quisermos fazer uma demonstração prática como exemplo, basta se referir ao maior número que podemos imaginar. Se o universo fosse finito, terminaria naquele número. E ainda assim todos poderão adicionar 1 a esse número, movendo o final do universo um pouco mais. Mas então ainda será possível adicionar outra unidade, e depois outra, praticamente... ao infinito. Continuando a adicionar unidade ao nosso número, mostramos que o universo não tem fronteiras, por isso é infinito.

Por outro lado, podemos imaginar o pensamento de uma pessoa. Esse pensamento definitivamente acabou, porque seus limites estão na mente da mesma pessoa. Naturalmente, ao viver, essa pessoa continua acrescentando noções, conhecimento e insights ao seu pensamento. Você acredita que alguém, em algum momento, poderia dizer-lhe: "Basta, você não pode adicionar outras noções, seu pensamento está cheio."?

Não, em todo caso, ainda haveria espaço em sua mente para acrescentar o alfabeto bosquímano, um ensaio sobre o início da floração das violetas, a imagem de uma aurora boreal, o som de um coco caindo no chão e assim no infinito.

Até o nosso pensamento é como o de Shakespeare. Embora esteja "terminado", pode conter o infinito. Provavelmente nossa mente física, que está em nosso cérebro, pode ser considerada semelhante a uma folha de papel ou a um bloco de mármore.

Teoricamente, nosso cérebro físico pode mover fisicamente algumas idéias para áreas remotas, então dizemos que pode "esquecer". Mas nossa mente não esquece nada. Nossa mente sempre será capaz de dar vida a todo elemento do pensamento, mesmo que tenha sido esquecido ou removido. Nossa mente sempre será capaz de variar entre idéias infinitas, mesmo aquelas que não são pensadas.

Não é necessário raciocinar ou elaborar fórmulas para provar essa verdade. É muito simples. Você "conhece".

Pensamento Cósmico

Se quisermos conectar as considerações feitas apenas ao universo em que vivemos, podemos começar imaginando um objeto "finito", por exemplo, uma casca de noz. Colocamos este objeto no quadro de um Pensamento Cósmico infinito.

Figura 15 - *O Pensamento Cósmico representado em uma visão metafísica. É um lugar infinito em que universos infinitos são gerados. Cada universo é finito e é independente dos outros. Da mesma forma, uma nogueira infinita gera um número infinito de nozes, cada uma independente da outra.*

Assim como o pensamento de Shakespeare foi capaz de criar obras infinitas, cada Pensamento Cósmico independente e cada um realmente existente pode gerar um número infinito de universos. Imagine uma nogueira infinita.

Esta árvore pode produzir um número inacabado de cascas de nozes. Cada concha ocupa seu espaço finito sem estar ciente da existência dos outros.

A Figura 15 representa o Pensamento Cósmico na forma de uma nogueira que gera nozes sem fim. Cada fruta de noz contém um universo distinto. De cada noz pode nascer uma nova árvore, isto é, um novo Pensamento cósmico infinito que gera universos infinitos.

Isso não é importante para nós, pois, mesmo que fosse verdade, nunca teríamos a prova e nunca sofreríamos consequências. Mesmo no caso do tempo e da viagem espacial, os lugares que podem ser alcançados ainda estariam confinados ao nosso Universo.

A teoria do multiverso

"Um dos pais da física quântica, Hugh Everett, argumentou que uma partícula subatômica pode se mover simultaneamente tanto para a direita quanto para a esquerda. O observador seleciona uma das duas possibilidades. No entanto, a outra continua existindo em outro lugar, ou seja, universos paralelos.

(Sonia Fernández-Vidal, CERN e Los Alamos)

Provavelmente, assolados por compromissos diários, não somos muito apaixonados por novas teorias científicas, mas há uma que é verdadeiramente surpreendente: além de nosso universo, poderia haver muitos outros universos chamados "paralelos".

Até agora esta possibilidade surgiu apenas em livros e filmes de ficção científica, mas sabemos que muitas vezes estes precedem o conhecimento científico. De fato, não é impossível que universos paralelos realmente existam e não sejam apenas o resultado da imaginação de escritores de cinema e roteiristas.

A hipótese afirma que, fora do nosso espaço-tempo, podem existir dimensões paralelas, que dariam vida a mais universos.

A teoria mais confiável sobre o nascimento de universos paralelos sustenta que sucessivas ondas de inflação cósmica ocorreram desde o Big Bang. Ou seja, o universo teria passado por muitos processos de expansão vertiginosa em cascata.

Esses eventos inflacionários teriam dado origem a um superuniverso de bolhas, uma estrutura fractal na qual cada bolha representaria uma unidade cósmica própria. Portanto, a realidade seria composta de muitos universos alternativos aos nossos. Esses universos não seriam muito diferentes uns dos outros e, claro, cada um deles não seria infinito.

O conjunto desses universos, sendo a soma de elementos "finitos", seria por sua vez "finito". No entanto, pode conter expressões infinitas da realidade.

Essa hipótese foi formulada por algum tempo e é conhecida como a "teoria do multiverso". (The multiverse theory). Esta teoria, defendida por vários físicos, foi recentemente apoiada com autoridade por Stephen Hawking.

Pouco antes de sua morte, em 4 de março de 2018, Hawking propôs uma interessante interpretação do multiverso. Ele fez isso em um ensaio científico intitulado "Uma saída facilitada pela inflação eterna?" (*A Smooth Exit from Eternal Inflation?*). O trabalho é o resultado de uma longa colaboração entre Hawking e o físico belga Thomas Hertog.

Um estudo recente, conduzido em colaboração entre a Universidade de Durham (Grã-Bretanha) e a Universidade de Sydney (Austrália), acrescentou especificações espantosas à teoria do multiverso. De acordo com esta pesquisa, os universos paralelos poderiam até receber a vida. Os resultados detalhados deste estudo foram publicados no MNRAS (*Monthly Notices of the Royal Astronomical Society*), uma das publicações científicas mais importantes no campo da astronomia e astrofísica.

A teoria do multiverso

Segundo alguns cientistas, na base do nascimento de vários universos haveria a "energia escura", (*dark energy*) uma força misteriosa e completamente hipotética na medida em que, com os meios atuais, não se pode provar sua existência. No entanto, esta forma de energia, se houvesse uma, poderia resolver muitos problemas. Por exemplo, sua difusão homogênea no espaço poderia gerar pressão negativa capaz de justificar a expansão acelerada do universo.

No entanto, as equações que calculam a energia total escura gerada pelo Big Bang dão um resultado muito maior do que o requerido para a aceleração.

Então, para que serve o resto da energia das trevas?

Existem duas respostas possíveis:

- Nosso universo acelera muito mais do que acreditamos.

- O excesso de energia escura é usado para outros fins que não conhecemos.

A teoria do multiverso nasceu justamente para justificar essa inexorável superabundância de energia escura. A quantidade excedente seria distribuída em outros universos, paralelos aos nossos.

No entanto, a montante disto, devemos fazer uma consideração muito importante. O universo em que vivemos é muito feliz. A sorte está no fato de que nosso universo contém a quantidade certa de energia escura necessária para produzir exatamente a aceleração à qual estamos sujeitos. A quantidade de aceleração está presente na quantidade precisa necessária para permitir a evolução da vida. É um valor absolutamente preciso, que nos permite: ganhar a loteria da vida todos os dias.

É evidente que, com diferentes valores de aceleração, toda a evolução do cosmos teria sido diferente, incluindo as condições para o desenvolvimento da vida nos planetas.

Por exemplo, uma aceleração maior ou menor em quantidades de apenas uma por mil teria dado forma a um universo alienígena. Os períodos de rotação dos planetas, as forças da gravidade, a distribuição de galáxias e sistemas solares teriam sido diferentes.

É quase certo que na Terra não teríamos água e atmosfera. Nosso planeta poderia ter sido um deserto gasoso ou rochoso, como quase todos os outros planetas que conhecemos. Talvez a Terra nem sequer existisse. Precisamente essa aceleração, precisa ao milésimo, significou que a vida poderia se desenvolver na Terra.

A física quântica é a mãe do multiverso

A verdadeira origem da Teoria do Multiverso deve ser buscada no desenvolvimento da física quântica.

Um cientista americano, Hugh Everett, propôs em 1957 a chamada "interpretação de muitos mundos" (*Many-worlds interpretation*). Everett desenvolveu a teoria no campo de estudos e experimentos sobre o comportamento quântico da matéria.

De acordo com esses estudos, toda vez que o mundo enfrenta uma escolha no nível quântico, o universo se divide em dois.

Para entender completamente esta teoria, é necessário dar um passo para trás e examinar algumas regras básicas da física quântica, em particular o princípio do princípio da sobreposição. (Superimposition principle)

Este é um dos princípios básicos da física quântica, provavelmente o mais importante. Este princípio afirma que

> "Dois ou mais estados quânticos podem ser somados e o resultado será outro estado quântico válido."

(Any two (or more) quantum states can be added together and the result will be another valid quantum state).

Provavelmente, esta definição parece bastante obscura para os não especialistas, de modo que podemos explicá-la com um exemplo, que tiramos da física tradicional.

Vamos imaginar jogando a pedra clássica na lagoa. Em torno do ponto de queda da pedra há uma série de círculos concêntricos que se ampliam lentamente na superfície da água.

Nós agora jogamos uma segunda pedra perto da primeira: esta pedra também produz um círculo de ondas que se expandem.

A um certo ponto, o círculo produzido pela primeira pedra encontra o produzido pela segunda pedra e os dois círculos se fundem. Mais precisamente, os dois círculos se somam.

O primeiro e segundo círculos continuam a existir simultaneamente, mas, além disso, uma "figura de interferência" é formada, dada pela soma dos dois círculos.

Esses fenômenos ocorrem sempre que estamos lidando com ondas de qualquer tipo, não apenas com ondas na superfície da água.

Figuras de interferência também se desenvolvem no caso de ondas acústicas, quando vários ruídos distintos são somados. Não importa se a soma produz a harmonia de uma orquestra ou o barulho da multidão de pessoas gritando na Sala de Câmbio

Também na faixa de freqüência de rádio, duas ou mais ondas podem se somar: cada rádio ou TV está conectado à antena. A antena pega simultaneamente todas as frequências presentes na atmosfera. O resultado é uma confusão incompreensível. Portanto, a massa de freqüência capturada pela antena deve ser processada pelo decodificador, que envia apenas a freqüência selecionada pelo ouvinte para o alto-falante.

Considere outra hipótese. Se atirarmos pedrinhas em uma parede, o fenômeno das ondas não será gerado. As pedras que impactam contra a parede não geram figuras de interferência, mas produzem pequenas lesões na própria parede. Cada lesão é distinta das outras. Entre os impactos, fenômenos de interferência não são gerados.

Isso nos ajuda a entender um experimento, chamado de "dupla fenda" (double slit experiment) realizado pela primeira vez em 1801 pelo britânico Thomas Young. A intenção de Young era entender se a luz é feita de partículas ou ondas.

Young jogou feixes de luz em uma barreira. A barreira tinha dois buracos ou fendas e foi colocada na frente de uma tela sensível.

A ideia de Young foi esta:

- Se a luz é composta de partículas, cada partícula passa por uma ou outra fenda. A partícula continua além da fenda, atinge a tela sensível e deixa uma imagem nítida semelhante ao impacto de uma bala.

- Se a luz é uma onda, ela se expande até que os círculos atinjam as duas fendas e passem por elas. A onda continua a se expandir mesmo além das rachaduras. Além das duas fendas, dois sistemas de ondas são gerados. Os círculos desses sistemas se expandem e se sobrepõem. Como resultado, padrões de interferência são formados na tela.

O experimento confirmou a segunda hipótese. Figuras de interferência apareceram na tela sensível. Portanto, Young concluiu que a luz é uma onda.

Nos últimos tempos, muitos laboratórios de pesquisa decidiram repetir o experimento. O progresso técnico permitiu melhorar os procedimentos. Em vez de lançar feixes de luz na barreira, os cientistas lançaram os fótons únicos, isto é, as unidades elementares de luz. O objetivo era o mesmo, isto é, entender se os fótons são partículas ou ondas.

O experimento, repetido inúmeras vezes, sempre produz o mesmo resultado, que é decididamente surpreendente. Vamos examiná-lo em detalhes.

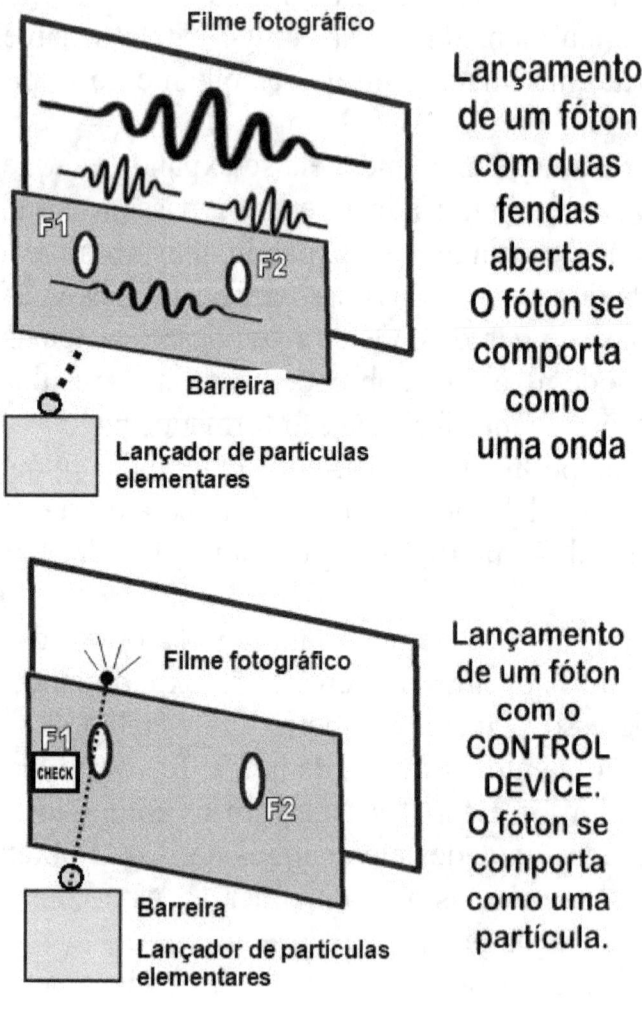

Figura 16 - O experimento da dupla fenda

O aparelho é semelhante ao do experimento original. Inclui uma barreira com uma ou duas fendas e uma tela traseira composta de um filme fotográfico sensível à luz.

Primeira fase. Uma fenda

Fótons únicos são jogados contra uma barreira com uma única fenda. Os fótons passam pela fenda e produzem pontos únicos na tela traseira, semelhantes ao impacto de uma bala.

Isto sugere que os fótons são partículas: na verdade, além da barreira, eles não produzem figuras de interferência como uma pedra que atinge a água. Em vez disso, depois de passar pela única fenda, os fótons seguem direto para a tela fotográfica e deixam o sinal de um impacto.

Segunda fase. Duas fendas

A surpresa vem quando os experimentadores lançam um único fóton contra uma barreira com duas fendas (figura 16, em cima). De acordo com as expectativas, esse único fóton deve passar por uma ou outra fenda. Depois, ele deve deixar a marca de uma bala atrás da fenda pela qual passou.

De fato, no entanto, algo incrível acontece. Esse único fóton cruzou TODAS AS DUAS fendas, e é provado pelo fato de que figuras de interferência são criadas além da barreira.

Essa experiência nos coloca diante de um dos mais profundos mistérios da física quântica.

Terceira fase. O papel do observador

Mas as surpresas não acabaram. Para entender melhor o que acontece, decidimos colocar um sensor atrás da fenda F1. Se o fóton passar por essa fenda, o sensor registrará a passagem. Desta forma, sabemos que o fóton passou pela fenda F1. (figura 16, parte inferior). Ainda jogamos fótons, mas neste momento ocorre um evento ainda mais extraordinário. O fóton parece capaz de "saber" que estamos controlando-o. O fóton reage de maneiras diferentes:

Situação 1 - Duas fendas, uma com um sensor de controle:

O fóton passa por uma única fenda, aquela equipada com um sensor. O sensor sinaliza a passagem do fóton. O fóton produz o impacto de um projétil na tela sensível. Nenhuma figura de interferência é criada.

Situação 2. Duas fendas sem o sensor de controle.

O fóton passa pelas duas fendas e produz padrões de interferência na tela.

O resultado é inequívoco: um único fóton pode se comportar como uma partícula, produzindo na tela o sinal de um impacto de projétil e, como uma onda, produzindo figuras de interferência.

O comportamento é determinado pela presença de um sensor de controle. Isso significa que o observador, que é a pessoa que organiza o experimento, pode determinar o comportamento do fóton.

Um único fóton que passa pelas duas fendas representa uma situação incompreensível e irreal.

No entanto, tudo volta ao normal se esse fóton for observado. Na presença de um dispositivo de controle, o fóton passa por uma única fenda.

Vamos tentar expressar o conceito em outras palavras.

a) Quando o fóton não é observado, ele está simultaneamente presente em todos os estados possíveis:

- Estado 1: o fóton passa pela fenda F1.
- Estado 2: o fóton passa pela fenda F2.

b) *Quando o fóton é observado, ele passa por uma única fenda.*

Como dizemos tecnicamente, o fóton observado "colapsa" em um dos estados possíveis:

- Estado único: o fóton passa pela fenda F1 ou pela fenda F2.

Isso se aplica a todas as partículas subatômicas, não apenas aos fótons.

Além disso, devemos considerar que, se abrirmos dez fendas na barreira, a partícula não observada passa por todas as dez. Por outro lado, a partícula observada "colapsa" e passa por apenas uma fenda.

Esse experimento é incrível e importante, a ponto de ainda podermos nos debruçar sobre os resultados.

Imagine uma barreira com três fendas, F1, F2 e F3.

Situação inicial:
- No momento em que é lançado, a partícula não sabe que uma barreira foi colocada na frente dela.
- A partícula não sabe se há alguma rachadura na barreira e quantas há.
- A partícula não sabe se, na presença de barreiras ou fissuras, sua passagem será observada ou não.

No entanto, tudo o que acontece ao longo do caminho sugere que a partícula sabia disso, o que é inexplicável.

De fato, a partícula se comporta no começo do caminho como se soubesse o que encontrará no caminho.

Realizando o experimento SEM o sensor de controle.

Chegou na barreira, a partícula cruza todas as três fendas, portanto se encontra simultaneamente na fenda F1, na fenda F2 e na fenda F3.

Dizem que a partícula está em "superposição de estados". Todos os três estados em que são encontrados são simultaneamente verdadeiros. Não podemos dizer que há três partículas. Há apenas uma partícula, mas todos os três estados existem ao mesmo tempo. É uma incrível onipresença.

Realizando o experimento COM o sensor de controle.

Anteriormente o experimentador configurou um sensor na saída da fenda F2. Ocorre colapso quântico, isto é, a partícula passa apenas pela fenda F2.

Os outros dois estados "desaparecem". Podemos dizer que eles colapsam no estado sob observação.

Existem duas perguntas. A primeira pergunta é a seguinte: como a partícula sabe, antes de encontrar a barreira, que estado deveria tomar?

A segunda pergunta é a seguinte: a partícula estava potencialmente presente em três estados, mas entra em colapso no estado F2. O que acontece com os outros dois estados, F1 e F3? Acontece realmente que os estados F1 e F3, no momento em que entram em colapso na F2, cancelem e deixem de existir?

Na resposta a essa questão, está todo o nó da existência do multiverso.

A maioria dos cientistas diz que F1 e F3 eram apenas probabilidades, então eles deixam de existir assim que a probabilidade alternativa F2 se torna real.

Ainda outro cientista, Hugh Everett, suporta uma teoria diferente. Segundo ele, todas as três probabilidades continuam a existir. Quando o observador causa o colapso de uma probabilidade em nossa realidade, isto é, em nosso universo, as outras duas probabilidades colapsam em outros universos.

Portanto, de acordo com Everett, todo estado de probabilidade presente em nosso universo envolve a existência de outros universos. É claro que até mesmo nosso universo poderia ser a condensação de uma probabilidade nascida em outro lugar no cosmos. Nosso universo poderia ser simplesmente um entre inúmeros outros prováveis universos que se tornaram possíveis.

Na verdade, nosso universo pode ser como uma minúscula casca de noz, em uma realidade cósmica que não poderia ser mais infinita.

Como fantasioso, o conceito do multiverso não se limitou às suposições de Everett. Nas últimas décadas, o conceito também foi afirmado em outras teorias científicas, especialmente a "teoria das cordas" (the string theory) e a "inflação caótica", ou "teoria da bolha".

A hipótese do multiverso, hoje, é uma fonte de discordância na comunidade de físicos, que o consideram arriscado demais e o coloca entre as ciências da fronteira.

No entanto, os adeptos são numerosos e qualificados. Entre eles está Stephen Hawking, que já conhecemos nestas páginas e sobre quem nada precisa ser adicionado. Os defensores incluem Steven Weinberg, físico ganhador do Prêmio Nobel em 1979, Brian Greene, professor da Universidade de Columbia e um dos estudiosos mais importantes da teoria das cordas, Neil Turok, um especialista sul-africano em teoria das cordas, Max Tegmark, professor cosmólogo sueco no Instituto de Tecnologia de Massachusetts, Alex Vilenkin, russo, autor de pesquisas sobre cosmologia, inflação cósmica, energia escura e cosmologia quântica.

Devemos lembrar também Andrej Linde, professor de física na Universidade de Stanford, conhecido por ser o pai da teoria da inflação caótica. Além destes, existem muitos outros cientistas que devem ser considerados confiáveis, porque fizeram importantes contribuições para o conhecimento científico atual.

Quantos tipos de multiverso existem?

Em 2011, um livro de Brian Greene intitulado "A realidade oculta: universos paralelos e as leis profundas do cosmos" (The Hidden Reality: Parallel Universes and the Deep Laws of the Cosmos) foi publicado. O autor lista nove tipos de universos paralelos plausíveis, isto é, de tal modo que eles não são o resultado de fantasias ou idéias que são exageradas, mas compatíveis com teorias científicas. Essas teorias não são confirmadas, mas nascem em ambientes credenciados que as tornam dignas de consideração.

Brian Greene é um físico americano, um dos mais famosos defensores da teoria das cordas. Entre suas hipóteses sobre os multiversos, relato aqui apenas alguns. Eu escolhi aqueles que podem ser interessantes para os tópicos abordados neste livro. Aqueles que querem aprender mais sobre o assunto podem facilmente encontrar o livro de Greene à venda.

A paisagem multiverso (The landscape multiverse)

O multiverso "paisagem" consiste em "espaços de Calabi-Yau". Esses espaços são paisagens nas quais o multiverso aparece. Esses espaços estão relacionados à teoria das cordas, que prevê a existência de um número de dimensões de 10 a 26, que é muito mais do que as quatro que conhecemos (comprimento, largura, altura e tempo). As outras dimensões seriam escondidas e "enroladas" em todos os pontos do espaço-tempo. No entanto, mesmo se eles estiverem ocultos, essas dimensões podem alterar seus níveis de energia devido a flutuações quânticas. Desta forma, novos espaços são criados, cada um com leis diferentes.

Atualmente a expansão do universo está se acelerando. Essa aceleração seria devida à "constante cosmológica" que é uma energia escura que permeia o espaço. Atualmente, não sabemos o que é energia escura e nem sabemos por que ela tem seu valor específico. Alguns atribuem esse valor ao princípio antrópico, isto é, à idéia de que o universo foi projetado para permitir a existência da vida e do homem.

Aplicando o princípio antrópico, entendemos que o nosso é apenas um dos muitos universos possíveis. Os outros universos podem ter valores de energia escura iguais ou diferentes. Esses valores são personalizados para a forma de vida que deve ser desenvolvida nesse universo.

O multiverso quântico (The quantum multiverse)

Na mecânica quântica, a matéria é composta de partículas ou ondas. Isso significa que não é possível determinar a velocidade de uma partícula e sua localização ao mesmo tempo.

Em outras palavras, não podemos saber com precisão a localização espacial de uma partícula. Portanto, as partículas são descritas através da equação de Schrödinger. Essa equação determina a probabilidade de uma partícula ser encontrada em um lugar e não em outra. Somente quando uma partícula é observada ela "colapsa" e sua posição se torna certa.

No multiverso quântico, um novo universo é criado sempre que um evento tem probabilidades diferentes.

Esta é a "interpretação de muitos mundos" de Hugh Everett (Many Worlds Interpretation). Essa interpretação prevê que toda medida ou toda observação provoca a divisão de nossa realidade em muitos mundos.

A partícula, sendo uma função de onda, está sujeita ao princípio quântico da "superposição de estados" (superposition of states), de modo que ela pode estar simultaneamente em dois ou mais lugares diferentes. Enquanto no nosso universo a partícula está em um certo ponto, em outros universos, temporariamente, ela pode ser encontrada em diferentes pontos.

O multiverso simulado (The simulated multiverse)

Esse tipo de multiverso existe em sistemas computacionais complexos que simulam o funcionamento de muitos universos. De acordo com essa interpretação, vivemos em um universo artificial criado como simulação em um computador super avançado.

Provavelmente, num futuro distante, os avanços tecnológicos permitirão a criação de computadores capazes de simular um universo inteiro. No entanto, não está claro se um ser como o homem, dotado de consciência, pode ser criado e simulado por um computador.

O físico e matemático Roger Penrose demonstrou, com base no teorema da incompletude de Gödel, que algumas funções desempenhadas pelo nosso cérebro são impossíveis de reproduzir em qualquer computador. Consequentemente, no presente, esta hipótese do multiverso é completamente excluída.

No entanto, se no futuro for possível criar universos simulados, em todo universo simulado existirão civilizações tecnológicas que podem, por sua vez, criar universos simulados.

O multiverso final *(The ultimate multiverse)*

Esse multiverso conteria todo universo matematicamente possível, cada um com diferentes leis da física. Esta é a categoria mais filosófica.

O multiverso final deriva do "Princípio da fecundidade" teorizado pelo filósofo norte-americano Robert Nozick. De acordo com esse princípio, todo universo possível é real. Na verdade, esse princípio tem origens muito mais antigas e remonta a Platão, que o chamou de "Princípio da plenitude".

O multiverso brane *(The brane multiverse)*

Este multiverso deriva da teoria M "A mãe de todas as teorias", (*The Mother of all theories*). Hawking trabalhou neste projeto nos últimos anos de sua vida. A teoria M tenta unificar todas as teorias existentes e todas as interações fundamentais da matéria (gravidade, forças nucleares e força eletromagnética). Segundo a teoria, todo universo seria uma brana tridimensional. Vamos dar um exemplo. Se os branas tridimensionais são fatias de pão, então o multiverso é o pão que inclui todas as fatias.

Estética da ciência

Esses modelos multiversos não podem ser verificados experimentalmente e isso os coloca, por enquanto, no âmbito da filosofia ou da metafísica.

No entanto, a experiência nos lembra que muitas descobertas científicas surgiram de intuições excêntricas ou extravagantes. Claro, isso acontece apenas em alguns casos especiais. De fato, isso raramente acontece

Então, por que os cientistas se engajaram no desenvolvimento de certas teorias, sabendo que será difícil encontrar confirmação?

Provavelmente, o cientista é como um artista. Ele sente a necessidade de expressar, com as ferramentas que possui, a estética de seu pensamento.

Da mesma forma que a estética da arte existe, há também uma estética real da ciência. Esse recurso completa a beleza matemática e a lógica dos estudos científicos.

O físico indiano Subrahmanyan Chandrasekar, Prêmio Nobel de Física de 1983, escreveu o ensaio

"Verdade e beleza. As razões da estética na ciência". (*Truth and Beauty: Aesthetics and Motivations in Science*). No comentário introdutório podemos ler esta declaração:

> "Uma grande teoria científica é também uma obra de arte. Para os maiores cientistas, a beleza sempre foi um dos objetivos a serem alcançados, um guia sobre o caminho para a verdade ".

John Sullivan, autor das biografias de Newton e Beethoven, escreve em "Athenaeum" em maio de 1919:

> "O objetivo principal da teoria científica é expressar as harmonias que são observadas na natureza. Como resultado, essas teorias devem ter um valor estético. De fato, a medida do sucesso de uma teoria científica é a medida de seu valor estético.
> De fato, uma teoria científica é tanto mais válida, quanto mais introduz a harmonia onde havia o caos.
> A justificativa de uma teoria científica e do método científico pode ser

encontrada em seu valor estético. As razões que guiam o cientista são, desde o início, manifestações do impulso estético.

A ciência só pode ser considerada inferior à arte quando é uma ciência incompleta ".

Inteligência no centro do universo

*Não é matéria que gera pensamento,
mas é o pensamento que gera matéria.*

(Giordano Bruno, filósofo)

O papel do observador

Agora temos que voltar ao experimento da dupla fenda, descrito acima, para fazer algumas observações importantes sobre o papel do observador. Estamos falando da figura do observador compreendida de acordo com a teoria quântica.

A conseqüência mais importante do experimento da dupla fenda é que o observador pode determinar o comportamento do fóton simplesmente observando-o. Em termos simbólicos, dizemos que o "olhar" do observador modifica o comportamento da matéria.

Isso acontece não apenas com fótons, mas com todas as partículas elementares, como prótons e elétrons.

John Wheeler era um físico americano. Ele era uma figura carismática na física dos anos 30 e 40. Muitos físicos famosos cresceram sob a liderança de Wheeler, incluindo Richard Feynman.

Entre outras coisas, Wheeler cunhou o termo "buraco de minhoca" para indicar os túneis espaciais que permitem que as diferentes regiões do espaço-tempo sejam conectadas.

Wheeler acredita que o envolvimento do observador na realidade subatômica é certamente o aspecto mais importante da física quântica. Portanto, Wheeler propõe substituir o termo "observador" pelo de "participante". Ele expressa essa crença em uma citação famosa:

> "A medição altera o estado do elétron. Após a medição, o universo não é mais o mesmo. Para descrever o que aconteceu, precisamos eliminar a antiga palavra "observador" e substituí-la pelo novo termo "participante". De certa forma, o universo é um universo baseado na participação ".

No nível das partículas elementares, a consciência do observador pode participar do funcionamento da matéria, na verdade, pode determinar esse funcionamento.

Por enquanto isso se aplica a partículas individuais. No entanto, tudo no universo é composto de partículas individuais. Através de estudos subseqüentes, estamos descobrindo que a consciência também pode intervir em agregações de fótons, átomos e moléculas. Talvez, no futuro, descobriremos que a consciência pode intervir em organismos biológicos inteiros.

Talvez estejamos falando sobre esse fenômeno que no campo extra-sensorial se chama psicocinese?

Psicocinese ou telecinese ou Pk é um fenômeno paranormal. De acordo com a psicocinesia, um ser vivo é capaz de agir sobre o ambiente que o rodeia, e pode manipular objetos inanimados, através de formas desconhecidas pela ciência.

Através da psicocinese, seria possível mover objetos, dobrar metais, colocar máquinas em movimento e realizar muitas outras ações. Tudo isso seria possível, com o único poder da mente. A ciência não reconhece essa possibilidade e a considera uma fantasia.

Eu adiciono algumas considerações filosóficas.

A ciência oficial provou que, ao observar uma única partícula, é possível influenciar seu comportamento. A observação colapsa a partícula em um determinado estado.

Naturalmente, tudo o que acontece ao nosso redor é o resultado de partículas que colapsam em certos estados e não em outros. Além disso, é verdade que somos os observadores, então somos nós que causamos o colapso.

Portanto, o céu parece azul para nós e a casca de uma maçã parece vermelha para nós, porque, observando-os, nós mesmos determinamos essa cor.

É verdade que todos nós vemos a mesma cor, mas não exatamente o mesmo. Para isso, podemos imaginar ter sido projetado com algumas habilidades básicas comuns. Era necessário manter a ordem na criação. Quem nos projetou fez isso com grande sabedoria, com grande equilíbrio.

Nós não estamos destinados a sofrer passivamente o que está acontecendo ao nosso redor. De acordo com este projeto, somos diretores e construtores do universo que nos rodeia.

Nossos sentidos foram projetados para colapsar a realidade assim como ela entra em colapso.

Haveria muitas outras possibilidades. Por exemplo, podemos ver um céu listrado vermelho-verde ou um mar de água amarela. Mas essas possibilidades desaparecem quando "olhamos" para o céu e para o mar, e nosso olhar produz as cores e transparências conhecidas.

Assim também os gostos que provamos e a dureza que percebemos ao toque são o resultado do modo pelo qual as partículas elementares envolvidas nesses fenômenos colapsam.

Isso confirma o pensamento mais antigo da humanidade. Nós não somos meros produtos do caso. Nós não somos prisioneiros em um universo que não se preocupa com nossa insignificância. Pelo contrário, vivemos em um universo construído à nossa medida. Mais: nós mesmos contribuímos para construir nosso universo.

Um nêmesis científico

Neste capítulo, vemos como a humanidade está testemunhando um nêmesis científico. Alguns séculos atrás, alguns cientistas removeram a Terra do centro do Universo. Hoje, outros cientistas estão colocando o homem na mesma posição. Vamos nos aproximar da confirmação desta declaração passo a passo.

Isaac Newton, matemático e astrônomo inglês, elaborou as leis do movimento. Newton publicou os resultados de sua pesquisa em 1687, no volume "Philosophiae Naturalis Principia Mathematica". Cada estudioso, lendo este livro, entendia que seria possível traçar a trajetória de qualquer projétil, além da órbita de qualquer corpo celeste.

Em 1845, o astrônomo francês Urbain-Jean-Joseph Le Verrier calculou a posição de um misterioso corpo celeste que era responsável pelo funcionamento irregular da órbita de Urano. Ele fez isso aplicando princípios newtonianos.

Em 1846, o cientista alemão Johann Gottfried Galle pôde observar o corpo celeste de Le Verrier. Esse corpo tornou-se o oitavo planeta do sistema solar, com o nome de Netuno.

Esta e outras confirmações da teoria newtoniana sugeriam que, conhecendo as forças envolvidas, teria sido possível determinar com absoluta precisão o movimento de qualquer objeto celeste.

De fato, foi possível calcular as tabelas de efemérides. Essas tabelas contêm as coordenadas das estrelas de acordo com o curso do tempo, ou seja, elas predizem as posições que serão assumidas pelos corpos celestes nos tempos posteriores.

O entusiasmo foi grande, a tal ponto que o astrônomo francês Pierre-Simon de Laplace (1749-1827) declarou:

> "Se a posição e o momento de uma partícula fossem conhecidos com precisão em um dado instante, então, conhecendo todas as forças que atuam sobre a própria partícula, seu movimento seria determinado, de maneira unívoca, em todos os instantes subsequentes. Isso seria possível usando as equações da mecânica ".

Em palavras mais simples, Laplace queria dizer que, se tivesse sido possível analisar os dados relativos à posição e à velocidade de todas as moléculas e átomos presentes no universo, a consequência teria sido espantosa. Na prática, usando esse conhecimento, teria sido possível estabelecer os movimentos futuros de cada corpo celeste. Na prática, o destino do universo poderia ter sido calculado.

A declaração de Laplace, apesar de suas características puramente científicas, teve implicações filosóficas muito relevantes.

De acordo com Laplace, se a situação do universo fosse conhecida num dado momento, teria sido possível calcular tudo o que aconteceu no passado e tudo o que teria acontecido no futuro.

Assim, Laplace reforçou a idéia, já difundida nos círculos científicos, de um universo absolutamente mecânico, governado pelo acaso e pela matéria.

O universo inteiro era semelhante a um brinquedo gigante de mola, um mecanismo de mecanismo de relógio capaz de realizar operações dinamicamente predeterminadas. Mas neste universo, qualquer atividade resultante do livre arbítrio teria sido excluída.

Por conseguinte, também o homem, uma vez que ele é feito de partículas materiais, está sujeito às regras newtonianas, portanto ele é um brinquedo mecânico capaz de se mover apenas nos modos permitidos pelas engrenagens. Este "brinquedo" pode continuar a se mover até que a primavera seja descarregada. Ele não tem chance de mudar seu destino.

Estas conclusões confirmaram o conceito de "determinismo", já em voga desde o século XIV. Segundo o determinismo, tudo evolui com precisão mecânica, independentemente dos desejos e vontades do homem.

Depois de remover o planeta Terra do centro do universo, o homem também foi removido do centro da criação. O homem se tornou uma criatura gerada por acaso em um pequeno planeta localizado na borda da galáxia.

Entre os séculos XIX e XX, a visão do mundo mudou radicalmente, quando a física e a astronomia atingiram níveis de conhecimento que não poderiam ter sido imaginados em séculos anteriores.

Coincidências surpreendentes

A tarefa da ciência é descrever o universo através de hipóteses e teorias expressas na forma de leis universais. Muitas vezes, a descrição usa fórmulas matemáticas para alcançar o conhecimento da realidade da maneira mais objetiva possível.

Dessa forma, são calculadas as proporções e proporções, que permanecem fixas sob todas as condições e, portanto, são definidas como "constantes". Esses valores têm um valor inestimável. São as bases muito sólidas a serem usadas para calcular todas as leis que governam o universo.

É claro que as constantes não surgem por acaso e não podem ser determinadas como "una tantum" para apoiar uma teoria. As constantes devem ser confirmadas como estáveis, fixas e invariáveis em infinitas experiências práticas. Somente após esse caminho são aceitos por todos os físicos.

Existem algumas controvérsias em andamento entre os cientistas de que alguma constante pode variar ao longo de milhões de anos devido a mudanças no universo. Por exemplo, hipotetizamos que a "constante gravitacional universal" (universal gravitational constant) está diminuindo à medida que o universo envelhece.

No entanto, isso não afeta uma observação que parece ser absolutamente evidente para todos: se as constantes físicas tivessem valores ainda imperceptivelmente diferentes, o universo não existiria ou seria totalmente diferente de como o observamos.

Ou seja, o universo é assim porque as constantes que o regulam são exatamente assim, para o milésimo de milésimo.

Considere o caso da constante que regula a força eletromagnética em átomos, também chamada de "constante de estrutura fina" (*fine-structure constant*), símbolo "α". Uma pequena mudança nessa constante perturbaria as relações entre as forças repulsivas e atraentes presentes entre as partículas elementares.

Em um universo com um valor "α" diferente, o Sol, seus planetas e qualquer forma de vida, incluindo nós mesmos, não existiriam mais. A "constante de estrutura fina" é o valor que regula as relações entre as constantes físicas principais do eletromagnetismo, ou seja, a carga do elétron, a constante dielétrica no vácuo, a constante de Planck e a velocidade da luz. Essa constante é de grande importância nas teorias de cordas e multiversos.

A "constante de Planck " (*Plank constant*) comumente chamada de "quantum" é representada pelo símbolo "h". O "quantum" é a menor parte das partículas elementares que compõem a matéria: elétrons, prótons, nêutrons e muitos outros. O "quanto" é indivisível. Seu valor é igual a $6,62606876 \times 10^{-34}$ Js. Basta ler este número para entender que é uma quantia extremamente pequena. No entanto, define todas as partes do universo, desde o tamanho dos átomos até a força das reações nucleares nas estrelas. Além disso, a luz é feita de "quantos".

O símbolo "G" indica a "constante de atração gravitacional" (*gravity constant*), que é o coeficiente de proporcionalidade na lei gravitacional universal formulada no final do século XVII por Isaac Newton. A mesma constante também aparece na equação do campo gravitacional da Relatividade Geral. A constante "G" determina a força, proporcional às massas, com a qual atrai qualquer objeto, de pedras a planetas, estrelas ou galáxias. A constante "G" é muito pequena, é igual a $6{,}67 \times 10^{-11}$ N / m².

O símbolo "e" indica a carga de elétrons. A unidade de carga elétrica é igual a $1.60219 * 10^{-19}$ coulombs. Não é divisível, não há sub-múltiplos. Quarks que têm uma carga de 1/3 ou 2/3 são vinculados a outros quarks para somar uma unidade inteira ou um múltiplo juntos.

Outra constante que é de absoluta importância é a velocidade da luz no vácuo, representada pelo símbolo "c". Seu valor é igual a 299.792.458 m / s, muitas vezes simplificado em 300.000 quilômetros por segundo. É a velocidade que não pode ser superada na física einsteiniana.

As quatro forças fundamentais que governam a natureza são a interação gravitacional, a interação eletromagnética, a interação nuclear fraca e a forte interação nuclear. Essas forças dependem de algumas das constantes mencionadas, como a velocidade da luz, a constante de gravitação universal, a constante de Planck, a constante de Hubble, a carga elétrica do elétron, a massa de elétrons e outras.

Mas por que essas constantes realmente têm esses valores? A resposta pode estar implícita em outra pergunta: o que aconteceria se as constantes fundamentais tivessem valores diferentes?

Podemos fazer simulações, atribuindo às constantes valores ligeiramente diferentes dos existentes. Desta forma, podemos verificar que tipo de universo pode resultar.

Bem, qualquer simulação mostra que, variando as constantes, as condições que permitiram o desenvolvimento da vida na Terra não teriam sido cumpridas.

Vamos começar do extremamente pequeno. Se a massa do próton se tornasse maior ou menor que a massa do nêutron, todos os átomos se tornariam instáveis. Na prática, o universo entraria em colapso cósmico.

Se os átomos de hidrogênio contivessem prótons e nêutrons de massa diferente, o resultado seria que esses átomos se dividiriam em nêutrons e neutrinos. O Sol e todas as estrelas, sem combustível nuclear, seriam extintas.

De acordo com as simulações, se a força nuclear forte se tornasse minimamente mais fraca, o único elemento estável no universo seria o hidrogênio. Qualquer outro elemento estaria ausente. Por exemplo, não haveria carbono, que é a base da nossa vida.

Consideramos também a densidade da matéria. Se a densidade fosse maior, apenas buracos negros poderiam ser formados, não estrelas. Mesmo se a densidade fosse menor, as estrelas não teriam se formado.

Se a força da gravidade fosse um pouco mais forte do que é, o universo estaria sujeito a uma evolução muito rápida e as estrelas consumiriam seu combustível em um tempo muito curto.

Se, por outro lado, a força da gravidade fosse mais fraca do que é, a matéria não seria capaz de condensar-se em nebulosas, galáxias, estrelas e planetas. O universo seria um espaço caótico coberto de fragmentos de material e gás.

Em conclusão, é claro que as leis físicas que governam o universo não podem ser muito diferentes daquilo que são. Se essas leis fossem diferentes, elas comprometeriam a possibilidade da vida como a conhecemos.

Deixemos o espaço cósmico e avaliemos outras coincidências extraordinárias que operam mais perto de nós, no nível do planeta Terra.

Considere a distância da Terra ao Sol. Se fosse menos do que uma pequena porcentagem, como 5%, os oceanos iriam ferver. Se, por outro lado, a Terra estivesse 15% mais longe do Sol, todo o planeta se tornaria um bloco de gelo. Por simetria, as mesmas coisas aconteceriam se o Sol fosse um pouco maior ou menor.

Átomos de carbono e oxigênio estão quase igualmente presentes em organismos biológicos. Este ligeiro desequilíbrio torna a vida possível. Uma composição diferente criaria enormes problemas. Por exemplo, solos com presença excessiva de oxigênio perderiam a fertilidade porque queimariam qualquer vida baseada em carbono.

A órbita da Terra é excêntrica, isto é, não circular, mas ligeiramente elíptica. Além disso, o eixo da Terra está inclinado. Essas duas peculiaridades contribuem para manter um clima suficientemente estável e permitir que as estações se alternem. Isso torna as culturas agrícolas possíveis.

Há alguns anos, a busca por planetas semelhantes à Terra já começou. Esta pesquisa está focada na chamada "zona de habitabilidade". É uma faixa estreita de espaço ao redor da estrela principal. Felizmente para nós, a Terra está situada bem na pequena área de habitabilidade que cerca o Sol. Se nossa órbita fosse mais interna ou mais externa, a vida em nosso planeta não poderia existir como a conhecemos. Graças ao fato de que a Terra está localizada na zona habitável do Sol, podemos ter água em estado líquido.

A biologia terrestre é baseada no carbono, um átomo com seis prótons. O carbono não está aqui por acaso. Este elemento nasceu durante a formação do universo através de eventos muito complicados. Graças a esses eventos complexos, o carbono se tornou o principal constituinte de nossa biologia.

Figura 17 - Brandon Carter, criador da teoria chamada "princípio antrópico". Segundo esta teoria, o universo foi "construído" como é permitir o desenvolvimento da vida inteligente.

É impossível dizer que isso aconteceu sem um projeto. Todo o carbono que existe na Terra e em outros planetas foi gerado nas estrelas, durante o processo de formação do universo.

O processo que nos levou a estar aqui, a olhar, tocar e moldar a natureza com nossas mãos e nossos olhos, começou com a mesma origem do universo.

Após o Big Bang, o primeiro elemento que apareceu foi hidrogênio equipado com um único próton. Apenas 200 segundos após o Big Bang, a partir da fusão de pares de átomos de hidrogênio, o hélio começou a se formar com dois prótons, e da fusão de três átomos de hidrogênio nasceu o lítio, que tem três prótons.

Continuando esse processo, o berílio nasceu da fusão de dois átomos de hélio, cada um com dois prótons e quatro prótons.

O próximo passo foi a fusão dos átomos de berílio, dotados de quatro prótons, com átomos de hélio que possuem dois prótons. Essa fusão levou ao nascimento do átomo de carbono que tem seis prótons. No entanto, esses átomos de carbono eram instáveis. Imediatamente após a sua formação, estes átomos desintegraram-se e formaram novamente três átomos de hélio.

No entanto, no futuro, foi necessário ter átomos de carbono estáveis para gerar vida. Em particular, um planeta, a Terra, precisava de carbono estável.

A terra ainda não nasceu, mas o carbono estável estava em seu futuro.

Incrivelmente, um processo foi desenvolvido nas estrelas para estabilizar os átomos de carbono. Isso aconteceu quando o hidrogênio era escasso nas estrelas e a temperatura subia para cerca de 100 milhões de Kelvin. Essas condições geraram carbono estável.

Tudo isso ainda acontece hoje, no cosmos, mas não é suficiente. Outra condição deve ocorrer: o carbono deve deixar o ambiente das estrelas, onde nasce, invadir os corpos celestes com condições de temperatura mais favoráveis à vida, ou seja, os planetas.

Bem, um mecanismo providencial resolve esse problema. Quando uma estrela, no final do seu ciclo de vida, se torna uma supernova, ela explode e despeja enormes massas de matéria no universo, incluindo o carbono.

Demorou pelo menos dez bilhões de anos para que todo este processo fosse completado pela primeira vez, após o nascimento do universo. Isso significa que a idade atual do universo, cerca de treze e meio bilhões de anos, é a mais adequada. para garantir que as formas biológicas de vida baseadas no carbono possam se desenvolver no planeta Terra, e provavelmente também em outros planetas.

Em última análise, devemos reconhecer que o universo é uma estrutura muito delicada na qual outra estrutura igualmente delicada que é o planeta Terra está inserida.

O universo e a Terra nascem de milhões, até bilhões de combinações que teriam sido possíveis. Mas apenas uma condição foi cumprida, então estamos aqui.

Nós ganhamos a loteria da vida. Foi precisamente a única combinação que poderia tornar a nossa existência possível.

Esta afirmação foi endossada por cientistas eminentes e é a base de uma interpretação da vida no cosmos chamada de "princípio antrópico" (Anthropic principle).

Segundo os criadores do princípio antrópico, podemos fazer uma afirmação aparentemente banal. Nós existimos e estamos aqui para observar o Universo precisamente porque o universo tem essas características particulares.

Mas não é suficiente, há muito mais. Alguns dizem que o Universo é feito assim porque "uma inteligência" queria que estivéssemos aqui: isto é, o homem não é um produto aleatório, mas o objetivo inicial e final. O homem é um objetivo desejado. A vontade que o homem existiu queria e produziu a criação do nosso universo na conformação adequada para hospedá-lo.

O princípio antrópico

Pois o que foi dito no capítulo anterior, a probabilidade que levou ao nascimento da vida, se por acaso, seria 1 em um número seguido por uma quantidade tão grande de zeros, difícil de escrever na íntegra.

No entanto, na ciência tradicional dominada pelo determinismo, o homem é considerado um experimento zoológico aleatório, um produto secundário da evolução.

Com base nessa suposição, não há propósito na criação. Consequentemente, o homem é um agregado de matéria que não implica nenhum propósito. Também a consciência humana é considerada o produto de arranjos moleculares particulares, que foram constituídos, ao longo de milhões de anos, por mutações aleatórias e pela seleção feita pelo ambiente.

De acordo com a interpretação determinista, a consciência, o pensamento, as intuições e os desejos são produtos residuais do processamento químico do cérebro. Todos esses movimentos espirituais não têm correspondência com a realidade, na verdade nascem e morrem nas circunvoluções cerebrais. O determinismo positivista sustenta que todas essas coisas são sonhos, ilusões, epifenômenos que perturbam o funcionamento da máquina. O homem é uma máquina e todos sabem que as máquinas não sonham e não têm desejos. No entanto, o homem é reconhecido como tendo a capacidade de se iludir.

Obviamente, isso está em desacordo com o que foi dito no capítulo anterior. Por que o universo teria sido formado apenas com o propósito de permitir o nascimento do ser humano, se esse ser é pouco mais que um mineral capaz de se mover?

É claro que toda a extraordinária consistência das constantes básicas e as condições físicas do planeta não podem ser consideradas aleatórias. O cosmos é baseado na ordem. É verdade que na criação eles poderiam ter constituído ordens e relações muito diferentes, que não permitiriam o desenvolvimento de uma vida como a nossa. Provavelmente isso acontece em outros universos.

Entretanto, qualquer que seja a ordem estabelecida em um universo, ela deve ser baseada em critérios que permitam que esse universo exista. O conjunto de relações deve necessariamente ser ordenado para permitir que tudo funcione e impedir que o sistema se autodestrua.

Portanto, independentemente da presença do homem, qualquer universo em sua ordem deve ser o resultado de um processo não aleatório. Mesmo um universo sem vida precisaria de um projeto.

No entanto, no nosso universo, a ordem criativa queria que todas as forças em jogo fossem de molde a permitir o desenvolvimento da nossa vida.

Essa evidência permitiu que muitos cientistas formulassem hipóteses e sustentassem o "princípio antrópico".

Se você perguntar sobre o que as pessoas pensam sobre o princípio antrópico, muito poucas serão capazes de respondê-las. Alguns terão dificuldade em responder a perguntas mais simples, como "O que é a gravidade?"

A gravidade e todas as leis da natureza são normas naturais que funcionam mesmo que não saibamos como elas funcionam. Por exemplo, quase ninguém sabe como nossa respiração funciona, mas nós respiramos por todos os momentos de nossas vidas. Muito raramente nos preocupamos em saber como fazê-lo, a menos que sejamos estudantes de medicina.

O princípio antrópico é algo do mesmo tipo. Se não existisse, viveríamos igualmente bem sem preocupações.

O fato de o princípio antrópico existir tem uma importância completamente filosófica, como a existência de Deus ou o fato de a Terra girar em torno de si mesma.

Quer acreditemos ou não, são coisas que acontecem de qualquer maneira. Talvez seja por isso que não nos importamos com isso. Acreditamos, no entanto, que essas coisas não mudam nossas vidas.

De fato, não seria absolutamente assim, porque se a Terra não girasse sobre si mesma muitas coisas mudariam em nossa existência física. Da mesma forma, se Deus não existisse, muitas coisas mudariam no nível espiritual e no resultado final de nossa existência.

O que leva muitos a investigar os grandes temas científicos, filosóficos e espirituais é uma certa chama que em alguns queima mais forte do que em outros.

Esta chama é a curiosidade, o desejo de saber, a ambição de descobrir a mecânica das engrenagens para modificar a nosso favor as operações do que nos rodeia, sob e acima do céu.

Quer vivamos para o universo, ou que vivemos no universo, ou que o universo vive para nós, muda pouco em nossas vidas diárias e é o suficiente para tornar o tópico completamente irrelevante para muitos.

Mas muitos outros, como vocês que estão lendo este livro, desejam investigar e conhecer, porque o conhecimento sempre foi a mola da evolução humana. Sem o desenvolvimento do conhecimento, ainda estaríamos aqui para comer lagartos crus depois de capturá-los atirando pedras.

O princípio antrópico é uma teoria que ainda não foi confirmada (seria muito difícil fazê-lo). No entanto, esta teoria está afetando muitos dos cientistas mais esclarecidos.

Nascimento e evolução do princípio antrópico

Paul Dirac, físico e matemático, ganhador do Prêmio Nobel de Física em 1933, é um dos fundadores da mecânica quântica. Nasceu em Bristol, no Reino Unido, em 1902. Dirac foi o primeiro a notar a existência de estranhas afinidades entre quantidades físicas muito diferentes.

De fato, na década de 1930, Dirac calculou uma igualdade estranha. A raiz quadrada do número estimado de partículas presentes no universo é igual à razão entre a força eletromagnética e a força gravitacional existente entre dois prótons. Dirac chegou à conclusão de que essa relação não é constante, mas varia em tempos cosmológicos.

No final dos anos 1950, Robert Dicke, outro físico experimental dos EUA, confirmou a surpreendente coincidência encontrada por Dirac. Dicke afirmou que a igualdade dos dois valores era mais evidente na primeira fase da evolução das estrelas. Naquela época, havia uma abundância particular de carbono, que é o constituinte fundamental dos organismos vivos.

Portanto, a coincidência encontrada por Dirac foi indubitavelmente associada aos processos evolutivos responsáveis pelo surgimento de formas vivas baseadas na química do carbono. Em 1957, Dicke expressou seus pensamentos com estas palavras:

"A idade atual do universo não é acidental, mas é condicionada por fatores biológicos. Qualquer mudança nos valores das constantes fundamentais da física impediria o homem de estar aqui para medi-los ".

De fato, essa foi a primeira afirmação do princípio antrópico fraco. Foi uma declaração inconsciente, porque o princípio antrópico ainda não era conhecido. Portanto, a observação de Dicke foi recebida com indiferença. Sua ideia não estava sujeita a preconceitos desfavoráveis. No entanto, os preconceitos nasceram com abundância quando o princípio antrópico foi elaborado e publicado, ou seja, quando o princípio foi entendido cm todas as suas implicações.

A teoria foi enunciada pela primeira vez, de maneira oficial, em 1973 pelo físico australiano Brandon Carter (figura 17). A primeira versão da teoria evoluiu para várias interpretações: o "princípio fraco", (weak anthropic principle), o "princípio forte" (strong anthropic principle), o "princípio último" (final anthropic principle) e o "princípio participativo". (anthropic participatory principle).

No princípio fraco, a teoria é de uma obviedade desarmante, e consequentemente poucos a contestam. Esta versão afirma que o universo em que vivemos, de fato, permite a vida como a conhecemos. Esta declaração vem de um profundo conhecimento das leis da natureza. Essas leis estabelecem que a vida é permitida graças a inúmeras coincidências afortunadas, todas indispensáveis. Se uma coincidência não fosse verdadeira ou diferente, a vida não existiria.

A exposição do princípio fraco contém esta afirmação:

"Os valores de todas as grandezas físicas e cosmológicas não são igualmente prováveis. Os valores dessas constantes respondem à condição em que devem existir lugares nos quais a vida baseada em carbono possa evoluir. Além disso, esses valores respondem à condição de que o Universo tem idade suficiente para dar origem a formas de vida baseadas no carbono ".

Mais tarde, Brandon Carter teorizou o forte princípio antrópico. Em 1986, John Barrow e Frank Tipler, no livro de duas mãos "*The Anthropic Cosmological Principle*", analisaram o princípio de acordo com a versão "forte". No princípio forte, afirma-se que o universo "*deve*" possuir as propriedades que permitem que a vida se desenvolva dentro dele.

Isso "deve" mudar o foco de puramente científico para filosófico ou metafísico. De fato, o verbo "deve" pressupõe a existência de uma Entidade que expressa e exerce sua vontade na criação do universo. Essa afirmação é muito indigesta para a ciência positivista.

No entanto, a forte formulação do princípio antrópico descreve uma nova relação entre o universo e o homem. Uma antiga dignidade que foi tirada é recuperada e devolvida ao homem. O forte princípio antrópico remove o ser humano da posição marginal em que ele foi relegado, juntamente com seu planeta. Naturalmente, a Terra nunca retorna ao centro do Universo. A posição central é ocupada pelo Homem, em torno do qual e para o qual o universo existe.

O forte princípio antrópico tem o duplo mérito de restaurar o prestígio ao ser humano e de "iluminar" a ciência com nova nobreza, removendo-a do cinzento mecanicista do *Iluminismo*. (Quando dizemos o significado das palavras!).

Barrow e Tipler foram duramente criticados porque, em seu livro, propõem um terceiro tipo de princípio antrópico, depois dos dois teorizados por Carter. Os dois autores propõem o "princípio antrópico final". Com essa nova teoria, eles querem explicar melhor as incríveis coincidências que permitem a existência de nosso universo e a vida inteligente.

No "último princípio", Barrow e Tipler partem do postulado de que, no caso de variações infinitesimais dos valores das constantes cosmológicas fundamentais, a existência do universo como o conhecemos estaria perdida. Considerando isso, eles concluem que não podemos estudar a estrutura atual do universo sem levar em conta nossas necessidades físicas. A afirmação do último princípio antrópico afirma:

> "O processamento inteligente de informações no universo deve necessariamente se desenvolver. Esta inteligência, uma vez apareceu, nunca morrerá".

A princípio, o famoso astrofísico Stephen Hawking expressou dúvidas. Ele afirmou que a existência de outras galáxias e a homogeneidade em grande escala do universo poderiam estar em contraste com o forte princípio antrópico.

Mais tarde, porém, quando se dedicou ao desenvolvimento da Teoria M, Haking mudou de ideia e tornou-se um forte defensor do princípio antrópico. Ele inseriu em muitas de suas equações uma variável relacionada a essa teoria.

Finalmente, outro famoso físico americano, John Archibald Wheeler, sugeriu a teoria do "princípio antrópico participativo". Esta é uma versão alternativa do forte princípio antrópico. Wheeler descreve seu pensamento assim:

> "O universo deve ser tal que permita a criação de observadores dentro de um determinado estágio de sua existência. Observadores são necessários para a existência do universo, pois são necessários para o seu conhecimento. Assim, os observadores de um universo participam ativamente da existência do universo observado ".

O princípio participativo é uma variante do princípio forte. Este princípio inverte o raciocínio e argumenta que o universo existe porque existimos.

O astrônomo americano Hubert Reeves descreve o princípio antrópico da seguinte forma:

"O princípio antrópico pode ser formulado mais ou menos da seguinte maneira: como existe um observador, o universo tem as propriedades necessárias para gerá-lo.
A cosmologia deve levar em conta a existência do cosmólogo. Essas perguntas não teriam sido feitas em um universo que não tivesse essas propriedades ".

"*The Melancholy of Haruhi Suzumiya*" é uma série de light novel que foi escrita por Nagaru Tanigawa e ilustrada por Noizi Itō. Em 2003, tornou-se uma série de filmes transmitidos em todo o mundo. Nesta série japonesa, o conceito de princípio antrópico é descrito da seguinte forma:

"Segundo essa teoria, observamos o universo e, por essa razão, o universo existe. A humanidade, a única vida inteligente em nosso planeta, descobriu as leis da física e suas constantes e foi capaz de descrever como o universo é feito. Assim, a consciência da existência da criação e o ato de observá-la acabam coincidindo ".

Todas as últimas citações referem-se a um conceito que pode parecer confuso no momento, o de "observador". O papel do observador é enquadrado no contexto da física quântica e é absolutamente crucial. Vou falar sobre isso extensivamente nos próximos capítulos

O homem está realmente no centro do universo?

Toda a ciência, a partir de Kepler, reduziu drasticamente as ambições daqueles que colocaram a Terra no centro do universo.
O princípio antrópico substitui a centralidade da Terra pela do homem. Toda a criação existe em função do desenvolvimento da vida, especialmente da vida inteligente.
É fácil para todos nós identificarmos "vida inteligente" com "homem". Quando falamos de "homem", queremos dizer "o habitante do planeta Terra".
Ao longo dos séculos, nossa ambição passou por inúmeras reduções. Apesar disso, não desistimos de ocupar o papel central que sentimos ser o nosso devido a um hipotético direito superior.
Já que não podemos mais colocar nosso planeta no centro do universo, nós mesmos ocupamos esse lugar.

Infelizmente, esta tentativa também está destinada a ser mortificada.

A tentativa certamente seria legítima se vivêssemos sozinhos no universo. Em vez disso, nas últimas décadas, uma nova ciência está trabalhando duro para desapontar nossas esperanças de supremacia universal.

Esta ciência é chamada exobiologia.

A exobiologia é um campo da biologia que estuda a possibilidade da vida extraterrestre e a natureza desta vida. A exobiologia é atualmente um setor especulativo, mas para a maioria dos cientistas é um campo válido de exploração científica.

Simulações computacionais foram realizadas sobre a possível existência de processos de vida em ambientes fora da Terra. Essas simulações indicaram a possível existência de formas de vida semelhantes às nossas ou mesmo alternativas. Por exemplo, pode haver formas de vida baseadas no silício e não no carbono.

No último século, a maioria dos cientistas trocou risadas irônicas ao ouvir sobre extraterrestres. Aqueles tempos estão longe. Atualmente existem projetos de pesquisa da vida no espaço financiados com milhões de dólares por Estados e Organizações de vários tipos. Podemos citar primeiro o projeto de escuta de rádio astronômico do SETI, iniciado experimentalmente em 1960.

SETI (*Search for Extra-Terrestrial Intelligence*) foi lançado oficialmente em 1974 em Mountain View, Califórnia. Este é um programa dedicado à busca de vida inteligente extraterrestre. SETI cuida de ouvir e enviar sinais de rádio para outras civilizações.

Na década de 1960, um método foi criado para medir a possibilidade da existência de planetas habitados por outras civilizações. Esta é a "equação de Drake". O método tem o nome de seu criador, Frank Drake, um radioastrônomo americano.

A equação de Drake, muitas vezes também chamada de "Green Bank formula", foi formulada em 1961. Ela representa a tentativa de estimar o número de civilizações extraterrestres existentes em nossa galáxia, a Via Láctea.

Infelizmente, os resultados são incertos devido à falta de qualquer ponto de referência. A única referência útil é a existência da vida na Terra. Mas isso já é um bom ponto de partida. Por que a vida deveria existir apenas em um planeta entre bilhões?

Aplicando a fórmula, à luz dos conhecimentos astronômicos atuais, as civilizações extraterrestres que seriam capazes de se comunicar conosco seriam milhares apenas na Via Láctea.

A fórmula da equação de Drake é a seguinte:

$N = R * Fp * Ne * Fl * Fi * L$

onde:

N é o resultado final, ou seja, o número de civilizações extraterrestres presentes hoje em nossa galáxia.

R é a taxa anual média em que novas estrelas são formadas na Via Láctea.

Fp é a porcentagem de estrelas que potencialmente possuem planetas. Indica quantos planetas, entre aqueles que giram em torno de um Sol, estariam em condições de receber formas de vida.

Fl é a porcentagem de planetas do tipo Ne nos quais a vida realmente se desenvolveu.

Fi é a porcentagem dos planetas Fl nos quais os seres inteligentes teriam evoluído.

Fc é a porcentagem de civilizações extraterrestres capazes de se comunicar.

L é a estimativa da duração dessas civilizações evoluídas, antes de sua extinção.

Desde 1961, muitos valores mudaram em um sentido favorável. O satélite Kepler, após nove anos de exploração em nossas proximidades, descobriu cerca de 2600 planetas provavelmente habitáveis. Esta é uma porcentagem muito maior do que a estimada na fórmula.

Recentemente, pesquisadores italianos confirmaram a existência de água em Marte. Essa descoberta aumenta o otimismo sobre a possibilidade de vida, passada ou futura, em planetas aparentemente desabitados.

O italiano Claudio Maccone, é um astrônomo italiano do SETI, cientista espacial e matemático, recebeu o "Prêmio Giordano Bruno" em 2002.

Maccone atualizou os valores na fórmula de Drake de acordo com os parâmetros recentes aceitos pelo SETI. Desta forma, foi possível formular uma estimativa mais precisa das civilizações extraterrestres potenciais. Claudio Maccone estabeleceu que o número hipotético está entre 0 e 15.785, com uma média aproximada de 4.590.

Há 75% das chances de que essas civilizações estejam a uma distância entre 1.361 e 3.979 anos-luz.

No entanto, esta é uma distância enorme, que parece excluir qualquer possibilidade de comunicação.

Cooperação de inteligência

A pesquisa científica nos acostumou a um progresso incrível e a hipóteses de ficção científica. Muitas vezes, essas hipóteses tornam-se realidade cotidiana em algumas décadas ou mesmo em poucos anos.

A física quântica, com experimentos de emaranhamento, mostrou que partículas elementares podem se comunicar sem restrições de tempo e espaço.

A hipótese de "buracos negros" e a "teoria das cordas" (Black holes, String theory) são campos praticamente virgens de estudo. A partir daqui, podem ocorrer revoluções históricas no desenvolvimento das comunicações e na possibilidade de viajar através de wormholes (túneis espaciais).

Viajando através de wormholes é possível superar a velocidade da luz, aproveitando a curvatura do espaço. As leis da relatividade também possibilitam a viagem no tempo.

Podemos supor que dentro de duas ou três gerações nossos descendentes conhecerão outras civilizações. Claro, isso só pode acontecer se o homem não se autodestruir antes de acontecer.

O que acontecerá quando nos encontrarmos com outras civilizações? Ninguém sabe.

Certamente, a humanidade tem sido constituída por exploradores e pioneiros, desde que os homo sapiens invadiram os territórios dos neandertais. Essa propensão foi confirmada quando os navegadores, viajando em pequenos barcos, foram além das águas de oceanos desconhecidos.

O propósito declarado das explorações era o desejo de exportar a civilização ou o Evangelho. Infelizmente, houve também um propósito não declarado. Esse propósito inevitavelmente levou ao roubo e à exploração. Todas as explorações, na realidade, foram financiadas para obter vantagens econômicas.

Felizmente, o tempo e as revoluções tornaram possível transformar as populações exploradas em comunidades independentes.

Há territórios que foram inicialmente explorados pelas potências européias. Podemos citar continentes inteiros, como a América do Norte ou a Índia. Hoje estas são nações independentes. Suas populações não são mais consideradas inferiores, porque contribuem para o desenvolvimento de uma civilização cada vez mais orientada para o progresso. A civilização de hoje é inspirada em valores de amizade e fraternidade, embora esses valores sejam freqüentemente nominais.

Com que espírito o homem terrestre se aproximará de outras civilizações extraterrestres? Ele fará isso com o espírito de roubo, que sempre foi agradável para ele? E essas civilizações, muitas das quais certamente serão mais avançadas, como elas se aproximarão de nós?

Nós podemos fazer uma previsão. Nos séculos de descobertas geográficas, o objetivo era procurar ouro, prata e outros materiais preciosos. Hoje, no entanto, o bem que pode afetar tanto as civilizações extraterrestres como nossa civilização é outro: o conhecimento.

O conhecimento é uma matéria-prima que não precisa de naves espaciais gigantes para serem transportadas. Além disso, o conhecimento não pertence a um único indivíduo, mas a sistemas inteiros que trabalham juntos para mantê-lo e aumentá-lo. Como resultado, o conhecimento não pode ser extorquido pela violência contra os indivíduos.

A troca de conhecimento requer uma colaboração voluntária e consciente. Este é o tipo de colaboração que provavelmente acontecerá com civilizações extraterrestres.

Certamente não acontecerá mais que em uma jornada de exploração espacial alguém possa pousar no planeta X entregando espelhos e colares aos habitantes. É claro que nem mesmo aceitaríamos essa mercadoria brilhante se algum extraterrestre aterrissasse em uma de nossas cidades.

Provavelmente, considerando as imensas distâncias, as futuras trocas só podem ocorrer de forma simbólica, através da transmissão do pensamento ou com a ajuda de novas tecnologias, todas a serem desenvolvidas.

É evidente que o tamanho diferente dos planetas, a diferente conformação da atmosfera e as diferentes condições de pressão, gravidade, calor, ciclos circadianos e sazonais impossibilitarão a vida física de outras espécies na superfície terrestre. Nós também teríamos dificuldades em nos adaptar a viver em outros planetas. Estamos nos conscientizando dos sérios problemas físicos que os astronautas envolvem, nas viagens muito curtas feitas em nosso sistema solar.

Um ciclo de adaptação física às condições presentes em outros planetas pode ocorrer somente através de centenas ou milhares de gerações. Nesse ponto, não seria mais possível distinguir entre "nós" e "eles".

Em vez disso, a informação científica pode viajar suavemente de um planeta para outro.

Em última análise, é provável que, quando os contatos são estabelecidos com outras civilizações, o homem faça seu caráter gregário prevalecer sobre as ambições de opressão e roubo.

Além disso, o homem tende a ser gregário. Vivemos o gregariousness tão extensivamente que quase não percebemos mais. Criamos famílias, organizamos grupos de trabalho, comitês, conselhos e assembléias, nos damos as regras de nossos condomínios, estabelecemos leis em cidades e nações. Povos e instituições supranacionais colaboram na pesquisa contra doenças, no desenvolvimento de novas tecnologias, na difusão de valores da civilização como a proteção dos mais fracos.

Talvez, se entrarmos em contato com civilizações alienígenas, essas civilizações nos ajudem a melhorar, ensinando-nos fraternidade e colaboração cósmica.

Nesse ponto, a dificuldade que surge do princípio antrópico será resolvida. O universo nasceu para favorecer apenas a vida do homem na Terra?

Nós provavelmente entenderemos que o Universo nasceu para favorecer qualquer inteligência, onde quer que seja. Os habitantes da Terra e os de um número incalculável de outros planetas estabelecerão formas colaborativas que guiarão o progresso civil em direção a objetivos que são atualmente impensáveis.

Não podemos deixar de ver nisso o projeto de uma Mente cósmica. Este projecto desenvolve-se através de processos de sincronicidade que visam um objectivo muito específico: o triunfo da inteligência. A inteligência triunfante será capaz de entender, finalmente, a Mente que desejou e organizou este projeto.

A sincronicidade é um processo que pode afetar os indivíduos. Sincronicidades, através de estranhas coincidências, sonhos, eventos aparentemente desconectados, guiam-nos para um processo de melhoria psíquica.

Mas as sincronicidades também podem afetar grupos, comunidades e povos. Eles interessaram civilizações inteiras. Por exemplo, Joseph Cambray fala de uma sincronicidade que, em poucos anos, fez a democracia grega florescer do nada.

Uma sincronicidade está envolvendo toda a humanidade que viveu por milhões de anos no estado bruto da idade da pedra. Nos últimos dez mil anos, de repente, a história da humanidade literalmente explodiu, passando da idade da pedra para a das viagens espaciais.

Outra sincronicidade está funcionando para que todas as civilizações do universo conheçam e entendam umas às outras, trocando conhecimento umas com as outras. No final desse processo sincrônico, todos os seres inteligentes serão transformados de meros mortais em novos deuses.

Creatio ab nihilo

*Toda a matéria se origina e existe apenas em virtude de uma força que faz as partículas de um átomo vibrarem e unirem o minúsculo sistema solar do átomo.
Devemos supor a existência de uma mente consciente e inteligente por trás dessa força. Essa mente é a matriz de toda a matéria ".*

(Max Planck, físico alemão, 1858-1947)

Quais evidências temos sobre a inteligência da "Matriz Cósmica"?

"*Ex nihilo nihil fit*" é uma maneira de falar da língua latina que pode ser traduzida como "Do nada vem nada". O poeta e filósofo latino Lucrécio expressou este princípio no primeiro livro do "*De rerum natura*" (I, 149-150):

"Podemos começar dizendo que nada sai do nada, pela vontade divina."

Lucrécio era um seguidor da filosofia atomista de Demócrito. Demócrito sustentou que a matéria, na forma de átomos, é eterna. Até mesmo o químico e biólogo francês Antoine-Laurent de Lavoisier, que viveu vários séculos depois, manteve um conceito semelhante:

"Nada é criado e nada é destruído, mas tudo é transformado".

Esta declaração apoiou a lei de conservação da massa. Posteriormente, chegou a confirmação de Einstein, expressa na fórmula mais famosa de nossos tempos: $E = mc^2$.

Com esta fórmula, confirma-se que a massa pode ser transformada em energia e vice-versa. O princípio de que a soma de energia e massa no universo é constante permanece válido.

A Figura 15 propõe uma "Matriz Cósmica", na qual um número infinito de universos é gerado. Essa matriz pode ser infinita, porque tem as mesmas características que o pensamento. A Matriz Cósmica poderia hospedar um número infinito de universos além do nosso. Ignoramos a existência desses universos e provavelmente continuaremos a ignorá-lo pela eternidade do tempo. Claro, o tempo também é nossa convenção.

Chamei essa matriz de "Mente Universal", um nome neutro que todos podem livremente transferir para outros conceitos filosóficos ou teológicos, de acordo com sua cultura e suas crenças.

A questão que agora estamos nos perguntando é se essa Mente universal está limitada a gerar pensamentos aleatórios, inconsistentes e sem sentido, ou se, ao contrário, seus pensamentos são ordenados e coerentes, isto é, inteligentes.

Com base nas características de uma "mente", como a entendemos, ambas as possibilidades coexistem. Por exemplo, também acontece com a nossa mente desenvolver ao longo do tempo um projeto que seja consistente com nossas intenções e nossa criatividade.

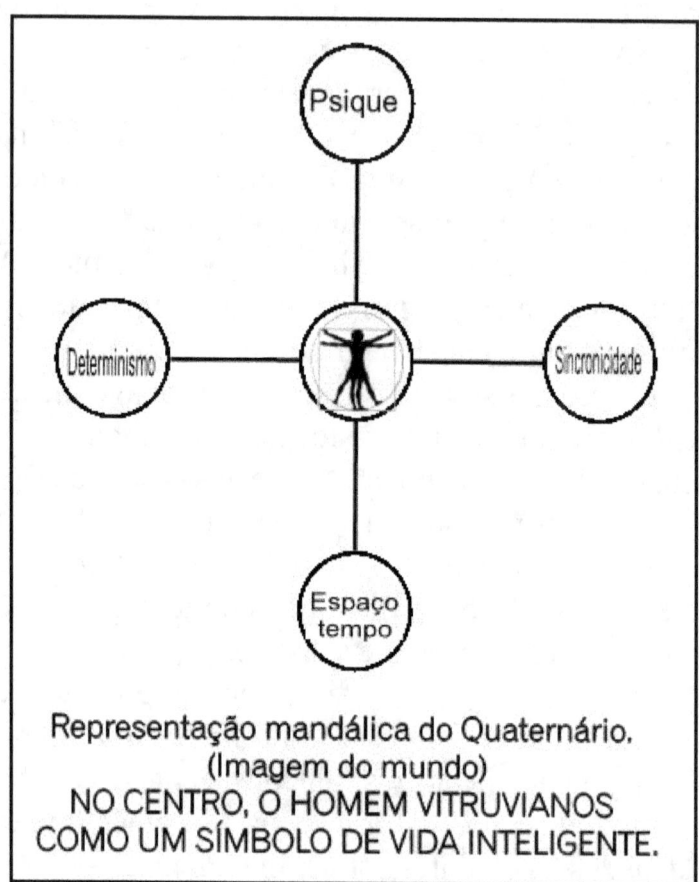

Figura 18 - O diagrama psicofísico de Jung-Pauli representado na forma de uma mandala. O símbolo da vida inteligente é colocado no centro.

Da mesma forma, nossa mente pode se perder em sugestões, imaginações, flashes de luz que surgem e desaparecem imediatamente, reflexões e deduções sem sentido em tópicos que passam rápido e evasivo.

Isso é certamente verdade nos sonhos, quando a mente está livre do condicionamento da realidade e pode vagar sem rumo pelos territórios surreais. Essas fugas na irracionalidade acontecem e nos envolvem, embora sejamos seres inteligentes.

No entanto, a maior parte das elaborações cerebrais da nossa mente são dedicadas ao planejamento e implementação de projetos coerentes.

Nesse sentido, a Mente Universal é inteligente?

A Mente Universal projeta universos. Seus pensamentos visam criar universos. Seus projetos são cascas de nogueira geradas em quantidades infinitas dentro de um espaço infinito de pensamento.

Não sabemos se todos os universos são inteligentemente projetados. Ou seja, não sabemos se todos os universos são criados com o objetivo de fazê-los se desenvolver e evoluir de maneira ordenada em direção a um objetivo finalizado.

Certamente, no entanto, nosso universo tem esse propósito.

Do que foi dito acima, e por todas as razões que justificam a teoria do princípio antrópico, nosso universo nasceu de um projeto que desde o começo forneceu as constantes e forças naturais que levariam ao desenvolvimento da vida.

Estamos aqui, porque a "Mente cósmica" queria que estivéssemos aqui. Com imensa inteligência, a Mente estabeleceu as condições ideais para que isso aconteça.

Mas o universo feito de matéria realmente existe?

A teoria do Big Bang sempre teve um ponto fraco no fato de que o universo poderia ter começado a partir de uma singularidade. É muito difícil imaginar que, na origem do mundo, toda a massa e energia estivessem concentradas em um ponto infinitesimal.

Os estudiosos da cosmologia quântica apresentaram uma proposta verdadeiramente surpreendente para resolver este problema. Esta é a teoria chamada "universo energético total zero" (*Total zero energy universe*).

Esta teoria baseia-se na hipótese de que a energia total do universo é igual a zero. Na prática, a energia positiva devido à matéria seria exatamente equilibrada pela energia gravitacional negativa. Consequentemente, a energia é cancelada por uma soma simples. Se adicionarmos +1 a -1, o total será zero.

Em 1973, o físico americano Edward Tyron publicou um artigo na revista científica "Nature". Tyron argumenta que o universo inteiro emergiu de flutuações quânticas no vácuo. Essas flutuações seriam capazes de criar pares de partículas e antipartículas.

Stephen Hawking escreve isso em um de seus artigos:

> "Na região do universo que podemos observar, existem algo como 10^{80} partículas de matéria. De onde eles vieram? A resposta é que, na teoria quântica, partículas podem ser criadas na forma de pares que consistem de uma partícula e sua antipartícula. Isso acontece a partir de energia.
> Neste ponto, no entanto, outro problema surge. De onde essa energia se originou? A resposta é que a energia total do universo é exatamente zero.
> A matéria do universo é composta de energia positiva. No entanto, deve-se ter em mente que toda a matéria é atraída pela força da gravidade. Dois pedaços de material colocados próximos uns dos outros têm menos energia do que duas peças idênticas colocadas a uma grande distância. Isso acontece porque, no caso

das duas peças vizinhas, a energia deve ser gasta para mantê-las separadas contra a força gravitacional que tende a aproximá-las. Em vez disso, no caso das duas peças distantes, a energia necessária é insignificante. Então, em certo sentido, o campo gravitacional tem energia negativa.

Se tomarmos todo o universo, podemos mostrar que a energia gravitacional negativa total é exatamente igual à energia gravitacional positiva total. O resultado é que as duas energias se anulam, de modo que a energia total do universo é zero ".

Neste ponto, a declaração de Fracastorio no " *La cena delle ceneri*" se torna atual:

"Nullibi ergo erit mundis. Omne erit em nihilo ".
(Então o mundo não existirá. Tudo será nada, igual a zero).

É incrível como o personagem criado por Giordano Bruno poderia ter uma intuição tão apropriada.

De acordo com a teoria do "universo de energia zero total", a massa existente no universo, que tem um sinal positivo, é exatamente igual à sua energia gravitacional, que é negativa.

Isso produz um efeito desconcertante, que pode ser resumido em dois pontos e uma conseqüência:

- A expansão do universo gera um aumento na gravidade negativa.

- A força negativa da gravidade gera um aumento na massa do valor positivo. Isso acontece para preservar a igualdade das duas gravidades.

A conseqüência é esta:

- A massa é espontaneamente criada à custa de expandir o universo e aumentar a força da gravidade negativa.

Em conclusão, Edward Tyron argumenta a possibilidade de que a criação do universo começa a partir das flutuações quânticas particulares do vácuo inicial. Essas flutuações, como já mencionado, geram pares partícula-antipartícula.

Além disso, essas flutuações, a partir de uma região microscópica, teriam originado pequenas áreas que não são nem homogêneas nem estáveis do ponto de vista da razão massa / gravidade.

Essas áreas de instabilidade, ampliadas por um processo chamado inflação, deram origem a estruturas cada vez maiores até galáxias e aglomerados de galáxias.

Em outras palavras, se assumirmos a existência original do vazio quântico, a formação "ex nihilo" do universo torna-se possível e deriva das leis naturais.

Permanece a questão de quem teria escrito essas leis.

Há também outro problema que não podemos resolver aqui. Se matéria e energia no universo são zero, então matéria e energia não existem.

Então, estamos falando de um universo ou de um fantasma?

Existe alguma coisa que tenha sido criada "ex nihilo", ou é tudo uma grande ilusão? Talvez tudo o que identificamos como "real" seja apenas um grande sonho. Permanece o fato de que sonhamos.

Não localidade, entrelaçamento

Do ponto de vista do senso comum, a eletrodinâmica quântica descreve uma natureza absurda.
No entanto, está em perfeita concordância com os dados experimentais. Espero, portanto, que você seja capaz de aceitar a Natureza pelo que ela é: absurdo.

(Richard Feynman, físico americano)

Einstein e a localidade

Se há algo que pode perturbar um suíço, que é uma pessoa nascida na terra que é, por definição, a casa dos relógios, é a falta de precisão. Se, então, essa pessoa estiver envolvida em um trabalho metódico que pode ser o de um funcionário do escritório de patentes, poderemos compreender sua decepção quando as coisas não funcionarem como deveriam. Isso é mais verdadeiro se essa pessoa, em seu tempo livre, também é matemática.

Estamos falando de Albert Einstein. Ao longo de sua carreira científica, Einstein só encontrou uma coisa que o irritou: "indeterminação quântica". Einstein detestou de todo o coração a falta de disciplina das partículas elementares e sua característica de ambigüidade indescritível. Einstein detestou o fato de que partículas elementares se recusam a tornar sua posição no espaço e sua velocidade conhecidas ao mesmo tempo.

Tudo isso foi uma bofetada, na verdade, uma zombaria das boas e sólidas regras da física newtoniana, nas quais Einstein baseava sua teoria mais conhecida, a da relatividade.

As leis newtonianas são baseadas no "princípio da causalidade", também conhecido como determinismo. O universo é feito de matéria. No reino da matéria, nada acontece por acaso, tudo acontece como resultado de algo que aconteceu anteriormente. A matéria atrai e repele, colide, move-se ou permanece imóvel. Nesses movimentos, a matéria paga um preço com uma moeda chamada energia.

Apenas uma certa energia, aplicada aplicada à matéria, dá origem a uma ação ou a uma cadeia de ações.

Imagine um jogo de futebol. Há uma bola bem colocada no local na área de grande penalidade, esperando por um jogador para jogá-lo para o gol. Você acha que a bola vai se lançar em direção ao gol do adversário sem receber o chute de um jogador?

Imagine um golfista que se prepara para bater a bola para jogá-lo para o buraco. Esse jogador é aparentemente impassível, mas sua alma está envolvida em centenas de elaborações mentais. Ele deve calcular com a máxima precisão que força e que ângulo deve dar à bola para direcioná-la para o objetivo.

De fato, nada acontecerá por acaso. A bola alcançará exatamente o ponto correspondente ao empurrão recebido. O sucesso do lançamento depende apenas de dois fatores. O primeiro fator é a precisão dos cálculos feitos pelo lançador. O segundo fator é a capacidade do jogador de transferir os cálculos para o braço dele. Imagine que uma bola, baseada nos cálculos, alcance até um milímetro a partir da borda do buraco. Nunca acontecerá que a bola decida, por iniciativa própria, avançar um pouco mais. Nem mesmo os gritos e solicitações do público podem empurrar a bola um milímetro a mais.

Sabemos como calibrar nossa energia para alcançar os resultados desejados, porque sabemos que os objetos respondem com absoluta precisão aos nossos "comandos".

Para isso, podemos lançar sondas no espaço e podemos fazê-las pousar precisamente nos lugares fixos, estejam eles na Lua ou em Marte ou em outro lugar.

Recentemente, a Agência Espacial Européia, com a missão Rosetta, lançou uma sonda espacial exatamente em um cometa móvel. Este cometa, conhecido como 67P / Churyumov-Gerasimenko, é apenas uma pequena pedra com um núcleo de 3 quilômetros de diâmetro, que percorre milhares de quilômetros de distância no espaço. Nós batemos com precisão absoluta.

A causalidade é a base de todas as coisas?

Em 1950, Alan Turing escreveu isso em seu livro "Calculando máquinas e inteligência": (*Calculating machines and intelligence*)

"Se movermos um único elétron para um bilionésimo de centímetro, isso pode produzir a diferença entre dois eventos muito diferentes. Por exemplo, um ano depois, esse movimento pode resultar na morte de um homem devido a uma avalanche ou a sua salvação ".

Em 1972, Edward Lorentz deu uma palestra intitulada "A batida de uma borboleta pode causar um tornado no Texas?" (*Can a butterfly's wing beat in Brazil cause a tornado in Texas?*)

No mundo científico atual, tudo pode ser pesado, medido e determinado em laboratório. Este mundo é colocado em uma dimensão onde o tempo só caminha para frente. Neste mundo feito apenas de matéria, a resposta à pergunta de Lorentz poderia ser "sim".

De fato, do ponto de vista da física newtoniana, todo evento pode ser previsto desde que possa ser medido. Para tornar a medição possível, as partes em jogo devem ter um peso, um tamanho e um lugar no espaço. Ou seja, as partes a serem medidas devem ser matéria ou tempo. O tempo também é mensurável.

Sobre o fato de que uma borboleta no Brasil pode causar um tornado no Texas, podemos ter dúvidas.

Se isso pudesse acontecer, seria apenas uma consequência muito indireta. No entanto, essa possibilidade fornece tantas variáveis que não podem ser calculadas nem mesmo com os computadores mais potentes.

Na física existe o princípio da "localidade", segundo o qual os objetos distantes não podem ter influência instantânea uns sobre os outros. Um objeto é diretamente influenciado apenas por uma força colocada em sua vizinhança imediata. É necessário levar em conta o enfraquecimento da força da gravidade com o aumento da distância. Além disso, um sinal enviado de qualquer maneira para um objeto distante precisa de tempo para superar a distância, e a velocidade não pode exceder 300.000 quilômetros por segundo, ou seja, a velocidade da luz.

Einstein ficou muito preocupado quando os sinais da existência de relações "não-locais" entre partículas elementares começaram a chegar da física quântica.

Os problemas que mais o intrigavam eram os apresentados pelo "princípio da incerteza" (uncertainty principle). Esse princípio, enunciado em 1927 por Werner Heisenberg, representa um conceito central da mecânica quântica e constitui uma ruptura irreparável com relação às leis da mecânica clássica.

Heisenberg mostrou que não é possível conhecer simultaneamente e precisamente duas "variáveis conjugadas". (conjugate variables). Por exemplo, não é possível saber ao mesmo tempo a posição precisa de uma partícula e seu momento, ou velocidade.

Isso contrastou marcadamente com as exigências da física clássica. Lembre-se que com a física clássica podemos calcular qualquer coisa se soubermos os valores iniciais. Para calcular a trajetória de uma cápsula espacial ou de uma bola de bilhar, preciso saber exatamente onde ela está no começo, qual empurrão ela recebe e com que velocidade ela se moverá.

Na física quântica, esses valores nunca estão disponíveis simultaneamente.

Se medirmos a posição e o momento de uma partícula ao mesmo tempo, os valores obtidos são absolutamente incertos. Esta incerteza não deriva de técnicas de medição, mas é a consequência da realidade quântica, que é uma "realidade probabilística" (probabilistic reality).

O conceito de probabilismo é claro se voltarmos a considerar o experimento da dupla fenda: um fóton jogado contra a barreira com duas fendas tem a probabilidade de cruzar um ou outro, pois cruza os dois.

Somente o observador pode colapsar os diferentes estados probabilísticos em um único ponto. Em uma situação não observada, todos os estados probabilísticos existem. Falando em probabilismo quântico, Einstein proferiu a famosa frase:

"É difícil dar uma olhada nas cartas que Deus tem em mãos, mas não posso acreditar nem por um momento que Deus jogue dados".

Emaranhamento quântico

A realidade quântica não atende aos critérios da física clássica local, portanto é chamada de "não local". No domínio não local, há eventos e demonstrações que não sofrem as restrições típicas do domínio local. Eventos de domínio não local não são limitados por tempo ou distância. Neste domínio não há "ontem e hoje" nem "antes e depois". Existe apenas "agora e sempre". Da mesma forma, não há "alto e baixo", "perto e longe", mas apenas "aqui e em toda parte".
A confirmação mais óbvia da existência do domínio não local é dada por um dos mais famosos experimentos da física quântica. Este é o experimento realizado em 1982 sob a orientação de Alain Aspect, um pesquisador francês. Esta experiência confirmou a teoria do entrelaçamento quântico e pôs fim a um período muito longo de

protestos. As principais teses opostas foram apoiadas, por um lado, por Niels Bohr, diretor do grupo de estudo denominado "Copenhagen School" e, por outro lado, por Albert Einstein.

A característica mais surpreendente e intrigante das partículas subatômicas é a capacidade de trocar informações instantaneamente entre elas. Na prática, a informação não passa por um espaço físico para conectar as duas partículas, isto é, elas não fazem um caminho entre uma e outra partícula. O nível não local é puramente psíquico. No nível não local, trocar informações é como trocar pensamentos.

"Entanglement" é um termo em inglês que significa "tecelagem". Este termo representa o entrelaçamento que é estabelecido entre duas "partículas correlacionadas" que nascem juntas. (related particles). Hoje, os experimentos de emaranhamento não dizem respeito a apenas duas partículas. Emaranhamento quântico também pode ser alcançado entre milhões de partículas relacionadas no laboratório. Não podemos deixar de notar que, se considerarmos o universo como um grande laboratório, o Big Bang, em sua explosão criativa, correlacionou todas as partículas existentes.

O problema que envolve a física clássica não é o fato de que uma trama é estabelecida. O verdadeiro problema é que esse entrelaçamento distorce todas as leis da física clássica, que são os pilares sobre os quais a ciência moderna se baseia.

A física clássica estabelece algumas coisas, incluindo:
- A realidade é causal e mecanicista: toda ação é a reação decorrente de uma ação prévia e é a causa de ações subseqüentes.
- O limite de velocidade da luz não pode ser excedido.
- Cada força (gravitacional, magnética, etc.) diminui em função da distância.
- A seta do tempo estabelece uma hierarquia rígida na evolução de cada evento. O que acontece primeiro é a causa do que acontece depois e o oposto nunca pode ser verdade.

No nível das partículas elementares, nenhuma dessas regras vale mais.

Vamos começar pelo fato de que as duas partículas relacionadas podem ser obtidas de várias maneiras, mas em qualquer caso elas têm "spins" opostos. Uma partícula tem "meia-rotação negativa" e a outra tem rotação "metade positiva". O spin é uma propriedade semelhante ao sentido de rotação (destro ou canhoto)

Se uma das duas partículas reverter o giro, a outra inverte-a, não imediatamente, mas simultaneamente. Não importa quão longe as duas partículas estejam no universo. Assim:
- O limite de velocidade da luz não é mais válido.

- O princípio segundo o qual as forças enfraquecem em função da distância não é mais válido.

- Como não há diferença de tempo entre a inversão das duas partículas, a flecha do tempo não é mais válida e não há causalidade.

A primeira confirmação prática ocorreu no experimento realizado por Alain Aspect em 1980-1982. Mais tarde, o experimento foi confirmado centenas ou talvez milhares de vezes.

Tudo é um na dimensão não local

A partir desta experiência surge uma questão que, no momento, não tem respostas.

Como uma partícula, mesmo colocada a uma distância astronômica, sabe que a outra está mudando o giro?

Podemos imaginar que a partícula B perceba a mudança da partícula A DEPOIS do que aconteceu. Não é assim. De fato, a partícula B sabe disso ao mesmo tempo, e as duas partículas mudam simultaneamente o giro.

As duas partículas se comportam como se fossem uma única partícula, isto é, como se estivessem unidas no mesmo lugar.

Quais informações as duas partículas coordenaram?

Por qual campo a informação viajou para coordenar as duas partículas? É necessário hipotetizar um campo, que é um espaço imaginário, que não é feito de matéria, mas apenas de energia e informação. Na verdade, este é um espaço psíquico.

É talvez o mesmo espaço que Platão chamou de "Mundo das idéias" e que Carl Jung mais tarde chamou de "Inconsciente Coletivo"? (*World of ideas, Collective Unconscious*).

É o espaço chamado não-localidade, porque não pode ser colocado em qualquer lugar, mas está em toda parte. Ele conecta todo o universo, de modo que cada parte do universo está imersa nesse nível de energia e informação. O universo inteiro contém apenas uma energia e uma informação única. O universo inteiro é um.

Neste nível não-local, onde não há espaço nem tempo, toda a informação do universo permeia nossa consciência

É a informação que Jung chamou de "arquétipos". Sincronicidades também surgem na não-localidade. As sincronicidades fluem em direção à nossa consciência e geram todas as curiosas coincidências das quais somos protagonistas, os pressentimentos, as intuições espirituais. Sincronicidades são janelas abertas para espaços do espírito.

A alma existe

Somente o viajante que vagou em seu infinito mundo interior pode se aproximar da Alma. Assim ele descobrirá que por anos ele não fez nada além de procurar pela Alma, já que a alma está por trás e dentro de tudo.
(Carl Gustav Jung)

Você é uma pequena alma carregando um cadáver
(Epicteto, filósofo grego)

A agregação de matéria

Toda a matéria no universo é composta de partículas. O modo como a matéria nos aparece é determinado pelo modo como as partículas estão dispostas, ligadas por forças atraentes. A atração mútua das partículas é contrastada porque as próprias partículas estão em um estado de agitação perpétua. O estado de agregação da matéria depende do resultado dessas duas tendências opostas: atração e agitação.

Existem basicamente três estados de matéria: sólido, líquido e gasoso.

Materiais de estado sólido têm sua própria forma e volume. Em sólidos, as moléculas estão mutuamente ligadas por forças intensas e ocupam posições que são, em média, fixas em relação umas às outras. A estrutura rígida da matéria sólida deriva do arranjo ordenado e compacto das partículas.

Mesmo os materiais líquidos têm seu próprio volume, mas assumem a forma do recipiente que os contém. As partículas de líquidos podem fluir umas sobre as outras, porque sua energia cinética consegue superar, em parte, as forças de atração.

No estado gasoso, as partículas estão distantes umas das outras e estão em estado de desordem.

Eles não têm volume próprio. Eles estão livres de obstáculos e tendem a se expandir ocupando todo o espaço disponível. Nos gases, as forças de atração entre as moléculas individuais são fracas.

O estado de agregação não é uma característica fixa em uma substância: por exemplo, a água pode assumir o estado sólido (gelo), líquido ou gasoso (vapor de água). Cada substância pode mudar seu estado. Quando isso acontece, a substância absorve ou libera energia na forma de calor.

Os átomos que constituem o assunto são eternos; eles podem passar de uma substância para outra, de um corpo para outro e de um organismo para outro.

Quem diz "Somos filhos das estrelas" diz uma grande verdade. Os átomos do nosso corpo existiam muito antes de nós. Na nossa morte, esses átomos serão reciclados para outras manifestações da matéria, biológicas ou não.

Durante a nossa vida, nós certamente respiramos pelo menos uma molécula de ar respirada por figuras históricas famosas como Tutancâmon ou Marylin Monroe.

A grande variedade de formas e cores com as quais o material aparece aos nossos olhos deve-se ao fato de que os átomos podem se unir de muitas maneiras e formar estruturas maiores e mais complexas.

Figura 19 - Alguns estudiosos que contribuíram para uma visão espiritual e não exclusivamente materialista da ciência.

A matéria agrega em formas coerentes e finalizadas

Átomos se agregam para formar moléculas. As moléculas se agregam para formar corpos de todos os tipos, desde "Amoeba Proteus" até a galáxia de Andrômeda. A primeira observação que surge espontaneamente é esta: tanto a ameba extremamente pequena quanto a extremamente grande Andrômeda contêm uma ordem maravilhosa que torna sua existência possível.

Se a ameba não tivesse como se alimentar e se reproduzir, e se qualquer valor básico da galáxia não fosse exatamente como é, nenhum deles existiria.

Tudo isso é trivialmente aceito, mas a pergunta que ninguém sabe como dar uma resposta coerente é: por que a matéria se une exatamente assim?

A física clássica fornece uma resposta aparentemente elementar: a matéria se agrega dessa maneira porque existem leis que espontaneamente produzem essas agregações.

Essa resposta não faz nada além de levar o problema adiante: por que essas leis existem e outras não?

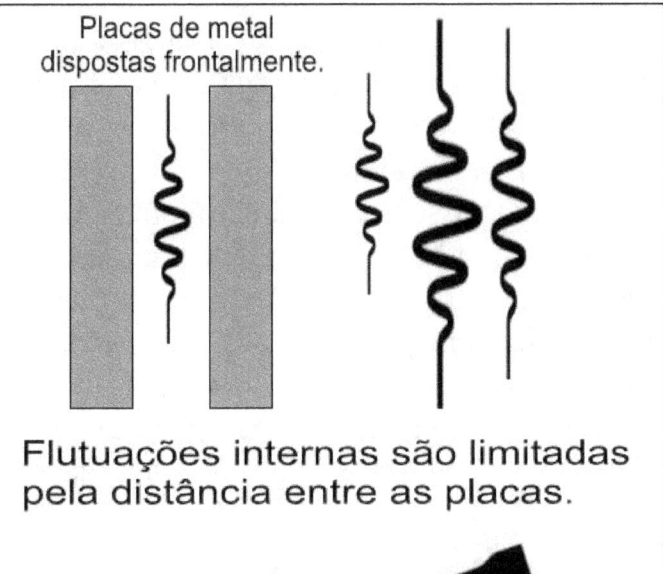

Figura 20 - A atmosfera quântica de Frank Wilczek. Os materiais produzem uma aura mensurável.

Falando do princípio antrópico, recordamos os primeiros passos da evolução do universo.

Apenas 200 segundos após o Big Bang, o hélio começou a se formar a partir da fusão de pares de átomos de hidrogênio, e o berílio nasceu da fusão de dois átomos de hélio.

O próximo passo foi a fusão de átomos de berílio com átomos de hélio, e isso levou ao nascimento do átomo de carbono. Como isso era instável, foi desenvolvido um processo que o tornou estável. Finalmente, a explosão das estrelas permitiu que o carbono atingisse todos os planetas e, em particular, a Terra, onde se tornou a base da vida.

Toda agregação vem de um projeto

Por que átomos e moléculas se agregam para formar o corpo da ameba, totalmente funcional em todos os aspectos? Por que outros átomos se agregam para formar o corpo de uma mosca, um golfinho ou um elefante?

Se tudo fosse devido ao acaso, teríamos muito poucas agregações perfeitamente funcionais e uma enorme quantidade de agregações irracionais. Mas onde estão todas essas outras formas aleatórias de agregação? Onde estão os elefantes com três pernas e sete olhos? Onde estão os bois cobertos de penas com três presas?

Todas as agregações da matéria, desde o início do universo, são guiadas por um projeto inteligente que transcende a matéria.

O projeto, de fato, existe antes da matéria e não deriva da evolução, mas a acompanha. A evolução representa o livre arbítrio da criatura que se determina por acordo com o designer.

Atmosferas quânticas

Alguns físicos, estudando partículas elementares, chegaram a uma conclusão surpreendente. Se considerarmos um conjunto de prótons, nêutrons ou elétrons, em alguns casos, sua soma é maior que a soma das partes únicas. Há algo mais do que isso e não sabemos o que é.

Frank Wilczek, físico do MIT e Prêmio Nobel de Física em 2004, juntamente com Qing-Dong Jian, da Universidade de Estocolmo, publicou recentemente um artigo incrível na web. No texto, eles afirmam ter sondado uma espécie de "aura" que envolve os materiais. Os dois cientistas chamaram isso de "atmosfera quântica".

A atmosfera quântica pode ser medida. Nesta atmosfera podemos detectar algumas características dos materiais anteriormente desconhecidos. Wilczek explica isso:

"A atmosfera quântica é uma área sutil de influência em torno de um material".

De acordo com a mecânica quântica, o vácuo não está completamente vazio, mas está cheio de flutuações quânticas. Como mencionado nos capítulos anteriores, pares de partículas e antipartículas podem surgir das flutuações quânticas do vácuo. Esses casais teriam sido a causa da formação do universo.

Wilczek dá este exemplo:
- Pegamos duas placas de metal com carga elétrica e as colocamos juntas em um vácuo.
- Flutuações quânticas podem ocorrer entre essas duas placas
- Obviamente, essas flutuações têm um comprimento de onda menor que a distância que separa as duas placas.
- Fora das placas, no entanto, podem ocorrer flutuações de qualquer comprimento de onda.
- Como resultado, a energia externa é maior que a interna. As duas placas se aproximam.

Este é o efeito Casimir, que é algo como a atmosfera quântica (figura 19 acima).

Da mesma forma que uma placa sofre uma força que faz com que ela se aproxime da outra placa, uma sonda e um material podem registrar o mesmo efeito. A sonda funciona como uma segunda placa.

Além disso, a sonda pode medir a diferença de força. Essa diferença de força, ou "aura", sendo gerada por flutuações quânticas, é chamada de atmosfera quântica.

Mais uma vez, há novas aquisições científicas que destacam aspectos surpreendentes da realidade.

Isto confirma duas verdades:

A física quântica é algo absolutamente extraordinário.

- Nosso nível de compreensão deste ramo da ciência ainda é absolutamente irrelevante.

Nós mesmos estamos envolvidos nessa realidade, mas não nos damos conta disso. Isso depende do fato de que nossos sentidos não são capazes de interagir com a realidade quântica: a visão, audição, tato, paladar e olfato não são dimensionados para perceber os extremamente pequenos. Mas temos outros sentidos, como a intuição, a inteligência e a tendência natural para as realidades místicas e espirituais.

Esses sentidos, que não estão relacionados à matéria, podem nos guiar para a compreensão dos segredos inerentes aos níveis mais profundos do universo.

A teoria da atmosfera quântica prevê a existência de um componente externo ao assunto, e isso é bastante surpreendente.

No entanto, existem estudos de cientistas conhecidos que confirmam a existência de algo ainda mais surpreendente.

Esses estudos confirmam, com base científica, a existência de um componente externo ao homem: a consciência ou a alma. Isso é algo que nossos sentidos espirituais sempre entenderam.

Os cientistas preferem falar de "consciência" em vez de "alma". Consciência é definida como "a faculdade imediata de advertir, compreender, avaliar os fatos que ocorrem na esfera da experiência individual ou aparecer no futuro".

No pensamento comum, a consciência é a avaliação moral da ação de alguém. Por exemplo, costumamos dizer "aja de acordo com a consciência".

Em vez disso, "alma" é uma palavra usada em muitas religiões, tradições espirituais e filosofias. Nessas áreas, a alma representa a parte eterna e espiritual de um ser vivo. Geralmente a alma é considerada distinta do corpo físico. Em alguns casos, acredita-se que a alma pertence aos homens, mas não aos animais.

A partir da idade moderna, a alma é progressivamente identificada com a "mente" ou "consciência" de um ser humano.

Portanto, consciência e alma devem indicar a mesma coisa. No entanto, o termo "consciência" refere-se a um componente que o homem possui independentemente de entradas externas. Esta é uma propriedade absolutamente pessoal.

Em vez disso, o termo "alma" passou por um condicionamento cultural amadurecido ao longo de milênios. Com base nesses condicionamentos, o termo "alma" refere-se instintivamente a algo que nos é dado sob a custódia de uma "Realidade superior". Esta é uma tarefa temporária. No final da vida, teremos que devolver a alma, possivelmente melhorada..

De fato, consciência e alma podem representar exatamente a mesma coisa.

Isto é especialmente verdadeiro se considerarmos que a consciência, de acordo com os estudos recentes de dois cientistas muito famosos, é algo que sobrevive ao corpo. O corpo, quando morre, desaparece em decomposição. Em vez disso, a consciência que se formou junto com esse corpo permanece no universo.

O que nos torna conscientes?

A natureza da consciência é um grande mistério que ainda não foi resolvido. Há um vasto debate acontecendo.

As teses são principalmente duas.

A primeira tese, que podemos definir como materialista, afirma que a consciência é apenas um subproduto dos processos químicos que se desenvolvem no processamento cerebral. De acordo com essa tese, a consciência também poderia ser criada com procedimentos mecânicos, por exemplo, com um computador.

No entanto, foi demonstrado, com base no teorema da incompletude de Gödel, que nosso cérebro pode executar funções que não são comparáveis à lógica formal. Nenhum computador pode reproduzir essas funções. Consequentemente, a hipótese de um software capaz de funcionar como uma consciência pode ser completamente excluída.

A segunda tese tem uma orientação mais espiritual. Esta tese sustenta que a consciência deriva de algumas características que se referem ao cérebro, mas elas têm origens e destino fora do cérebro. A alma nasce fora do homem e acompanha o homem na existência, mas não morre com o homem. No universo, além da matéria, há uma "substância" que está dispersa nas mentes dos seres vivos. Isto é, o próprio universo é um "Espírito" ou "Consciência universal". As consciências ou almas dos seres vivos derivam deste "Espírito do universo". Na morte de um ser, a consciência, ou alma, retorna ao Espírito universal de onde vem.

A física quântica e a alma

Dois cientistas de renome internacional estão entre os proponentes da tese de uma alma ou consciência que sobrevive ao corpo. Por mais de vinte anos, um médico e um físico teórico dedicaram-se a estudos profundos para tentar entender o que é a consciência. Com base nas últimas descobertas de seus estudos, os dois cientistas acreditam que estão no caminho certo para desvendar o mistério.

Um dos dois cientistas é Roger Penrose, matemático, físico e cosmólogo britânico (figura 19). Ele é conhecido por seu trabalho no campo da física matemática, em particular por suas contribuições à cosmologia. Penrose nasceu em 1931 em Colchester, Reino Unido, então na época em que este livro é publicado ele tem 87 anos. Penrose é Professor Emérito da Universidade de Oxford, ele ganhou o Prêmio Wolf de Física, a Medalha Copley, a Medalha Eddington, a Medalha Einstein e muitas outras honras importantes. Além disso, Penrose foi um teórico de buracos negros com estudos conduzidos em conjunto com Stephen Hawking. Por seus estudos, Penrose foi nomeado para o Prêmio Nobel em 2008. Ele passou grande parte de sua vida no desenvolvimento de fórmulas matemáticas capazes de revelar os mistérios do universo, incluindo a consciência humana. Não é irrelevante notar que Penrose é um ateu convicto.

Em 1989, Penrose publicou o livro de sucesso "The emperor's new mind". Neste livro, ele afirma que a inteligência artificial promete dar à humanidade uma "nova mente", que será profundamente diferente da mente do homem biológico. No mesmo livro, ele argumenta que a consciência pode se originar de fenômenos quânticos particulares que ocorrem nos neurônios cerebrais.

Recentemente, Roger Penrose e Stuart Hameroff publicaram um artigo em "Physics of Life Reviews". No artigo, os autores expõem novas evidências em apoio da teoria quântica sobre a consciência humana.

Stuart Hameroff (figura 19) é um anestesista americano, nascido em Buffalo em 1947. Atualmente é professor da Universidade do Arizona. Hameroff desenvolveu novas teorias sobre os mecanismos que governam o funcionamento da consciência humana.

No início de sua carreira profissional, Hameroff dedicou seus estudos a neoplasias e mecanismos relacionados ao funcionamento de gases anestésicos. Ele então investigou o papel desempenhado na divisão celular por estruturas de proteínas chamadas "microtúbulos".

Durante esses estudos, Hameroff formulou a hipótese de que os microtúbulos são capazes de realizar operações semelhantes aos cálculos matemáticos. Portanto, segundo esse cientista, os microtúbulos têm uma forma de "consciência" capaz de orientar e inspirar sua atividade.

Após esse achado, foi fácil estabelecer uma ligação entre o entendimento do fenômeno da consciência e a compreensão do comportamento dos microtúbulos nas células cerebrais. Estabelecer uma conexão científica significa iniciar um estudo.

De fato, os microtúbulos desempenham funções de considerável complexidade nos níveis molecular e supramolecular. Hameroff conclui que nas operações celulares podem ocorrer cálculos suficientes para falar de "consciência". De fato, a execução de um cálculo envolve a obtenção de um resultado e isso é equivalente a uma escolha.

Hameroff apresentou essas teorias em seu livro de 1987 "Ultimate Computing". O texto do livro pode ser baixado (em inglês) no site do autor, no endereço:

www.quantumconsciousness.org/ultimatecomputing.html

Penrose e Hameroff, combinando suas respectivas competências, continuaram juntos o estudo do fenômeno da consciência do ponto de vista da microbiologia e da física quântica.

O artigo de Penrose e Hameroff publicado em "Physics of Life Reviews" apoia a hipótese de que a consciência é baseada em flutuações quânticas ocorrendo em microtúbulos dentro dos neurônios do cérebro.

Além disso, essas flutuações foram realmente observadas e podem estar relacionadas a alguns ritmos eletroencefalográficos específicos que não foram explicados até agora.

No artigo, Penrose contesta seus críticos, já que todas as previsões feitas com base em sua teoria foram confirmadas pelas observações. Além disso, Penrose aponta que sua teoria pode ser considerada compatível com as duas grandes teses presentes no debate sobre a consciência.

A teoria de Penrose e Hameroff é compatível com as alegações daqueles que acreditam que a consciência é apenas um produto da evolução. Ao mesmo tempo, a teoria é compatível com a tese daqueles que dizem que a consciência é uma propriedade do Universo distinto e pré-existente do homem.

Os dois pesquisadores elaboraram a "teoria quântica da mente", também chamada "Orch-OR". Segundo essa teoria, a consciência é uma onda que vibra no vasto universo subatômico.

Os microtúbulos do cérebro atuam como computadores quânticos, recebem vibrações e os tornam utilizáveis. Na prática, os microtúbulos

produzem o colapso do conteúdo probabilístico da onda de consciência. Os microtúbulos desempenham o papel de "observadores" e transformam as probabilidades contidas nas vibrações em "opções" ou "escolhas" bem definidas.
Penrose escreve assim:

"... é o colapso quântico que causa consciência. Talvez o mesmo colapso seja a consciência ".

Para dar um exemplo. Imagine ter que decidir se devemos nos mover para a direita ou para a esquerda. De acordo com alguns físicos teóricos, quando nos movemos para a direita, a realidade alternativa da mudança para a esquerda colapsa na hipótese de uma mudança para a direita.
No caso em questão, a consciência é um registro quântico no qual todos os colapsos, isto é, todas as escolhas, são anotados. Este registro nunca é apagado. A soma das escolhas contidas no registro é a consciência.
Os dois cientistas definem "consciência" como o resultado de processos quânticos que sobrevivem ao corpo na morte. Essa definição se encaixa perfeitamente com o conceito de "alma".

Consciência tem conteúdo psíquico e absolutamente não material. Embora seja gerado no contexto físico dos microtúbulos, a consciência é a condensação psíquica das flutuações e colapsos quânticos.

Como os colapsos quânticos são escolhas, a consciência ou alma seria o registro e a soma das escolhas feitas na vida. Consciência está destinada a sobreviver ao corpo por toda a eternidade.

Existe uma consequência não secundária desta teoria. Cada criatura biológica com um cérebro ou um sistema nervoso contendo microtúbulos teria uma alma capaz de sobreviver para sempre. A alma não seria mais exclusiva do homem. No entanto, enquanto as escolhas humanas podem estar relacionadas ao livre arbítrio, as escolhas dos animais podem estar ligadas apenas ao instinto.

Colapso das ondas quânticas

Nós falamos cada vez mais de computadores quânticos. Esta pode ser a ocasião para explicar uma aplicação prática do colapso da função de onda.

Um computador comum, como o que estou usando para escrever este texto ou como aquele que certamente cada um de vocês usa com mais ou menos frequência, tem uma memória que agora é medida em bilhões de bits.

Um Gigabit, medida comum de memória, corresponde a 8.589.934.592 bits. O progresso tem sido enorme em algumas décadas. Se alguém, como eu, se encontrasse usando um dos primeiros computadores portáteis, o ZX80, construído em 1980 pela Sinclair Research por Clive Sinclair e baseado no microprocessador NEC μPD780C-1 com clock de 3,25 MHz, lembrará muito bem que sua a memória era de 800 bits, ou seja, 30 ou 40 milhões de vezes menos potente que um tablet atual. No entanto, com o ZX80 você pode fazer grandes coisas.

A partir desse momento, o princípio subjacente à operação da memória permaneceu o mesmo: os dados são armazenados na forma de bits, ou seja, zero ou um. Cada memória do computador nada mais é do que um enorme depósito desses dois dígitos, 0 e 1.

Em um computador quântico, por outro lado, a memória não contém bits, mas qubits. A diferença é significativa. Nos computadores tradicionais, um bit só pode ser 0 ou somente 1. Em vez disso, em um computador quântico, um qubit pode ser 0 e 1 ao mesmo tempo. A informação existe "em estados sobrepostos", isto é, funciona como uma onda de probabilidade. Os qubits permanecem "indecisos" no estado duplo de 0 e 1. Quando são observados, eles colapsam e assumem definitivamente um dos dois valores possíveis.

Em outras palavras, o computador quântico é capaz de processar simultaneamente muitas soluções para um único problema, em vez de repetir o cálculo muitas vezes em busca de uma solução melhor. Dois qubits podem ter 4 estados ao mesmo tempo, 4 qubits possuem 16 estados, 16 qubits possuem 256 estados e assim por diante.

Neste momento os "estados" disponíveis ao mesmo tempo ainda são poucos, mas a pesquisa é lançada em direção ao design de computadores baseados em milhares de qubits. Essa meta tornaria a quantidade de operações realizadas por um computador ao mesmo tempo incalculável.

Em março de 2018, o "Google Quantum AI Lab" apresentou o novo processador de 72 qubits Bristlecone.

Neurônios do tipo Qubit

Essa diversidade de funcionamento, entre o computador tradicional e o computador quântico, pode ser rastreada até o cérebro. Acredita-se comumente que o cérebro funciona por meio de interações entre os neurônios, como se fosse um computador tradicional. Cada neurônio pode corresponder a um ou zero. Hameroff escreve assim:

"A maioria das pessoas sabe que possui cem bilhões de neurônios. Consequentemente, eles pensam que as conexões são suficientes para permitir a existência da consciência.
Essas pessoas consideram o neurônio como um interruptor que desliga ou liga, então pode estar no estado Zero ou Um. Isso é um insulto ao próprio neurônio. Basta pensar que uma única célula como o paramécio nada, encontra comida, tem capacidade de aprender, encontra um parceiro. Se um paramécio simples pode ser tão inteligente, é possível que um neurônio seja tão estúpido? É só uma questão de ser ligado ou desligado? Eu acho que essas pessoas não consideram o que está acontecendo dentro do neurônio ".

A pesquisa de Hameroff é focada em microtúbulos, organismos absolutamente complexos alojados em neurônios. Graças a esta localização, os microtúbulos respondem instantaneamente ao que acontece na mente, construindo e decompondo continuamente estruturas complexas.

Por exemplo, os microtúbulos supervisionam a reorganização e classificação do DNA durante a divisão celular. Este é um dos processos mais complexos da natureza. Considere o fato de que qualquer erro pode causar malformações.

Todas essas considerações fizeram Hameroff supor que a consciência pode ser colocada dentro dos microtúbulos.

Hameroff define os microtúbulos da seguinte forma:

> "Os microtúbulos são uma ponte entre a mente e o corpo. Eles transmitem o colapso das ondas da microescala para o corpo humano através de efeitos quânticos, ou seja, através desse conjunto de fenômenos que ocorrem apenas em uma escala subatômica ".

Embora Penrose careça de orientações religiosas, ele supõe com Hameroff que a consciência quântica de todo ser vivo é independente do próprio corpo e pode sobreviver à morte física do indivíduo.

Podemos dizer, citando a poetisa italiana Silvana Stremiz:

"Há um lugar" sagrado "chamado alma, onde tudo o que importa está indelevelmente gravado. Palavras, gestos e pensamentos são fotografados para a eternidade ".

Após a morte, a consciência quântica pode desfrutar de uma existência infinita, uma vez que a informação quântica obedece à lei da conservação de energia e, portanto, não pode ser destruída.

Penrose e Hameroff propondo a "teoria da consciência quântica", tentam explicar as experiências nas fronteiras da morte, a chamada NDE (Near Death Experience).

Os dois cientistas monitoraram pessoas perto da morte. As observações mostraram que os microtúbulos no cérebro de pessoas próximas da morte mostraram a perda de uma "substância". Esta substância não se degrada, mas se dispersa fora do corpo. De fato, em casos de "despertar", a substância retorna dentro dos microtúbulos.

Anjos, demônios e almas dos mortos

No final deste capítulo, podemos fazer algumas considerações metafísicas.

Atualmente, a situação é essa. Embora a alma esteja ligada a um corpo e venha do próprio corpo, na verdade não tem natureza física e talvez nem tenha uma natureza psíquica, mas tem uma natureza quântica.

Se esses estudos finalmente confirmaram a existência de uma consciência ou alma que sobrevive ao corpo, poderíamos nos perguntar sobre a natureza dessa alma.

A alma seria o resultado de todos os processos de decisão quântica, isto é, de todas as infinitas reações de colapso quântico geradas pelas escolhas feitas pelo indivíduo durante sua existência. A alma seria realmente o resultado de todas as ações realizadas na vida. Todas as ações do indivíduo seriam catalogadas e registradas em uma nebulosa feita de flutuações quânticas.

A questão que surge é a seguinte: quantas dessas "nebulosas quânticas" vivem ao nosso redor? A resposta é simples: um número incalculável.

Esta simples afirmação deixa claro quão profundo e insondável é o mistério das almas.

É possível que essas mesmas nebulosas formem a maior nebulosa que Jung chamou de inconsciente coletivo? Na verdade, Jung especulou exatamente isso. Segundo a teoria junguiana, o inconsciente coletivo contém a experiência de toda a humanidade previamente experimentada.

Essa observação torna o conceito de inconsciente coletivo que pode parecer uniforme, cinza e anônimo mais familiar. O inconsciente coletivo está vestido com um disfarce precioso, que é a memória das pessoas conhecidas. Não apenas os indivíduos que viveram dez mil anos atrás, mas também as pessoas mais próximas a nós, aquelas que conhecemos em nossas vidas.

Para concluir, não podemos deixar de formular algumas hipóteses.

Talvez até anjos e demônios possam sair do canto dos mitos para se tornarem existências reais. Talvez anjos e demônios sejam condensações quânticas desejadas pela Mente universal sem a necessidade de passar por um corpo.

E finalmente, uma hipótese bastante perturbadora. Se realmente as almas dos mortos são a agregação de todas as flutuações quânticas de sua vida, então elas são "informações". Talvez, em um futuro que não sabemos quão próximo ou distante será, a tecnologia poderia desenvolver ferramentas para interceptar e decodificar essa informação?

Isto é, não será possível se comunicar com as almas dos mortos? Não será possível dialogar com a sua consciência, mesmo que ela esteja dispersa no nível não-local de um cosmos atualmente insondável?

Se isso acontecesse, seria possível descobrir muitas verdades das quais já havíamos desistido.

Descobriríamos os nomes verdadeiros de muitos assassinos, os esconderijos de muitos tesouros, as razões por trás de tantas ações incompreensíveis. Descobriríamos o extremo arrependimento dos heróis e a extrema covardia dos bravos.

Poderíamos conversar com as pessoas mais queridas para nós, para lhes dizer as palavras que nunca pudemos dizer durante a vida.

Existe um problema enorme. Essa tecnologia, se poderia ser realizada, seria moralmente sustentável? Não seria correto deixar essas almas descansarem em paz em sua eternidade? Acredito que sempre haverá algumas leis do universo, desejadas pela Grande Mente, que impedirão que isso aconteça. Mas é claro que ninguém é capaz de estabelecer o que é o Bem ou o Mal, fora dos estreitos limites de sua experiência. Talvez os conceitos de Bem e Mal conjuguem diferentemente ou deixem de existir na imensa Mente do cosmos.

À questão de podermos ver, conhecer e conhecer todas as almas dos mortos, podemos responder com as palavras de Buda:

> "Se as Almas de todos os seres vivos do Cosmos estivessem unidas, Deus apareceria lá!"

Descobrir o mistério da alma significa penetrar no mistério de Deus.

Inconsciente coletivo e arquétipos

Todos os estudos, teorias e confirmações científicas que acabamos de citar sugerem que deve haver uma Mente do Universo, ou talvez uma Mente Cósmica que supervisiona e guia muitos universos.

Podemos participar dessa inteligência? E como podemos participar?

Falei anteriormente das agregações inteligentes da matéria. Agora devemos nos perguntar se agregações psíquicas são possíveis.

A resposta mais credível provavelmente já nos foi dada no século passado, com as teorias do inconsciente coletivo e da sincronicidade elaboradas por Carl Jung.

A sincronicidade é um fenómeno generalizado que todos podemos testemunhar. Sincronicidade é um vínculo misterioso que une dois ou mais fatos, que normalmente seriam desprovidos de qualquer conexão.

Isso significa que a "aleatoriedade" entre os links levados em consideração está faltando. Portanto, o fenômeno não pode ser enquadrado cientificamente.

A ciência atual é baseada no princípio de causa e efeito: o que acontece acontece porque algum outro fato a causou. Ou seja, um agregado de matéria (pedra, árvore, pessoa) pode ser o protagonista de uma ação que subsequentemente gera outra ação, e assim por diante. É um ciclo que nasce da colaboração entre matéria e tempo.

Sincronicidade não precisa de matéria ou tempo. Em uma sincronicidade, as coisas acontecem sem qualquer conexão lógica. Dois fatos absolutamente desconectados um do outro se tornam sincrônicos quando o protagonista lhes dá um significado. Os fatos não estão ligados por nenhuma causa, mas para o protagonista há uma conexão muito evidente. Os fatos estão conectados, mas apenas na psique do protagonista

Em seus estudos, Jung considera os fatos que ultrapassam os limites da estatística como sincrônicos, ou seja, os fatos que ocorrem em quantidades maiores do que o que seria esperado se fossem simples "casos".

Mas onde nascem as sincronicidades? Como é possível que nós vemos uma pessoa esquecida em um sonho, e no dia seguinte nos encontramos com essa pessoa na rua?

Jung teorizou a existência de um inconsciente coletivo, que é um "espaço" universal e comum ao qual estamos todos conectados.

Sempre que uma necessidade, uma dúvida, um momento de sofrimento particular em nossas vidas reduz nossos níveis de guarda psicológica, nos abrimos para todas as possíveis fontes de ajuda. Esse é o momento em que o inconsciente coletivo pode intervir.

Segue-se que os fenômenos da sincronicidade nem sempre ocorrem. Geralmente, esses fenômenos ocorrem quando precisamos deles.

Mas há também uma conexão mais elevada: "mensagens" vêm do inconsciente coletivo para guiar toda a humanidade em direção a níveis mais elevados de conhecimento. Segundo Jung, o inconsciente coletivo contém a experiência de toda a humanidade vivida antes de nós.

Nós não estamos expressando conceitos religiosos. Mesmo a física quântica atual, confrontada com o comportamento das partículas elementares, reconhece a existência de um "guia" do universo.

Existe um espaço psíquico, chamado "não-localidade", onde as coisas não acontecem devido a um jogo de causa e efeito.

No nível subatômico existem comportamentos que parecem impossíveis porque vão além do condicionamento da física clássica.

As estranhas coincidências

As estranhas coincidências são experiências tão comuns que ninguém duvida da sua existência. Carl Gustav Jung fala sobre isso com um exemplo:

> "Percebo que meu ingresso de bonde tem o mesmo número que o ingresso para o teatro comprado um pouco antes. Durante a mesma noite, recebo um telefonema em que alguém menciona esse mesmo número. Parece-me que um relacionamento casual é muito improvável".

Há também coincidências menos impressionantes que, no entanto, nos surpreendem porque as consideramos quase impossíveis de vincular.

Exemplos infinitos podem ser citados. Nós "mentalmente" vemos um amigo em necessidade, e então verificamos que algo desagradável realmente envolveu essa pessoa.

Evitamos fazer uma escolha por causa de um sentimento desagradável, e então descobrimos que isso nos impediu de um grande problema. Sonhamos com um amigo que não víamos há anos porque ele mora em outra cidade e no dia seguinte o encontramos na rua.

A ciência oficial não acredita em coincidências, porque acredita que estes são eventos que aconteceram por acaso. De fato, a ciência atual, baseada no materialismo, acredita que, aconteça o que acontecer, está sempre concretamente ligado a outra coisa. Não pode haver misteriosos vínculos psíquicos entre os fatos que nos envolvem.

Vamos dar um exemplo trivial. Uma pessoa se move do ponto A e caminha em direção ao ponto B, localizado na esquina. Depois de alguns passos (ou seja, algum tempo) essa pessoa vira a esquina e só então ele pode ver o que está no ponto B.

É impossível saber primeiro o que está no ponto B. Para conhecê-lo, precisamos de um corpo capaz de ver. O corpo deve se mover e leva tempo para permitir que ele se mova. Só então a pessoa saberá o que está no ponto B.

De acordo com a ciência, não é possível para o espírito virar a esquina e informar a pessoa sobre o que está no ponto B.

As coincidências podem ser geradas pela presciência, sonhos, premonições, telepatia ou outros. Em qualquer caso, eles também trazem espírito ou psique em ação.

O universo não é feito apenas de matéria, mas de matéria e psique que juntos formam nossa realidade. Se isso é verdade, então muitos fenômenos, que seriam inexplicáveis com os parâmetros do materialismo, tornam-se muito explicáveis.

Hoje, a ciência se sente desconfortável diante das novidades da física quântica. Essa física escapa às restrições de tempo e espaço, típicas da ciência materialista. Há experimentos estabelecidos que mostram como partículas muito distantes no espaço interagem umas com as outras ao mesmo tempo. Apesar de estarem separadas por imensas distâncias, essas partículas se comportam como se fossem uma.

Como essas partículas não estão conectadas por nenhuma conexão física, o elo que as une só pode vir da psique universal.

Apenas um vínculo psíquico, que não conhece espaço nem tempo, pode mantê-los juntos e assegurar que cada partícula seja informada do que acontece com o outro. Esse é o fenômeno chamado "emaranhamento" (entanglement).

Sincronicidade e entrelaçamento são a base de uma nova ciência que unifica matéria e psique. Esta nova ciência acompanhará a humanidade em um grande salto em direção a níveis mais elevados de conhecimento.

A sincronicidade é um fenômeno que gera eventos extraordinários em nossa existência. Outras vezes, mais freqüentemente, a sincronicidade consiste em uma sucessão de fatos sem laços entre eles, que adquirem um sentido preciso em nossa percepção.

Uma sincronicidade ocorre toda vez que um conjunto de "sinais" nos leva a um resultado para que possamos dizer "eu senti, esperava". É como se algo ou alguém quisesse nos alertar e nos dar conselhos sobre o comportamento.

Se isso acontece sem o conhecimento necessário para processar a conclusão já dentro de nós, então é uma verdadeira sincronicidade.

Exemplo: você tem que sair para uma viagem, mas de repente, por um estranho sentimento de desconforto, você decide não sair mais. Mais tarde, você descobre que o veículo (trem, avião ou outro) sofreu um grave acidente com muitas vítimas.

Evidentemente, o conhecimento preventivo do desastre não pode ter sido resolvido em nosso cérebro. Segundo a ciência atual, não podemos prever o futuro.

Jung sugere que todo conhecimento do universo está contido no inconsciente coletivo. Todos nós, além de nos valermos de nossa consciência individual que contém informações muito limitadas, podemos também nos basear no inconsciente coletivo que contém todo o conhecimento adquirido da experiência do homem desde Adão em diante.

Esse conhecimento praticamente infinito está presente no inconsciente coletivo na forma de arquétipos. Os arquétipos são "princípios do conhecimento". Eles podem se manifestar psiquicamente em nossa consciência através de meios como sonhos, premonições, sensações. Identificamos os arquétipos com a decifração de fatos significativos que ocorrem em nosso cotidiano.

Esses fatos significativos são as coincidências que, individualmente, poderiam ser consideradas como pertencentes ao caso. No entanto, como um todo, esses fatos são confirmados entre eles até que eles convergem em uma profecia.

Podemos perguntar por que as sincronicidades não ocorrem mais com frequência.

Jung mergulhou nessa questão. Ele estabelece uma relação entre a ocorrência de sincronicidades e nosso consentimento para que elas ocorram.

Segundo Jung, nossa consciência individual consegue um nível de vigilância que impede o diálogo com a consciência coletiva. O inconsciente coletivo pode derramar seus tipos de arte em nossa consciência individual, somente se baixar seu nível de vigilância. Isto é, o diálogo entre a nossa consciência e o inconsciente coletivo ocorre apenas sob condições particulares. Normalmente, temos defesas instintivas que rejeitam esse diálogo. Em seu ensaio "Synchronicity: An Acausal Connecting Principle", Jung escreve:

"Todo estado emocional provoca uma mudança na consciência. Pierre Janet definiu essas modificações como "abaissement du niveau mental" (rebaixamento do nível mental. "Isso significa que um certo estreitamento da consciência ocorre e ao mesmo tempo um fortalecimento do inconsciente ... Conseqüentemente, a consciência cai sob a influência de impulsos e conteúdos inconscientes instintivos ".

A consciência naturalmente diminui seus níveis de defesa na ocasião de traumas psicológicos ou eventos emocionais complexos, como uma mudança repentina em nosso padrão de vida, um amor, uma traição, a perda de uma pessoa querida.

Às vezes, o fenômeno sincrônico precede esses eventos, confirmando que o tempo é apenas nossa percepção e, no nível do inconsciente, não há antes ou depois.

A psicologia oriental ensina a diminuir os níveis de defesa da consciência. Esta condição pode ser alcançada através de exercícios. O contato com a dimensão misteriosa do universo, o "Tao", ocorre alienando-se a si mesmo.

Comentando sobre o "Chuang-tzu", Hans Kung escreve:

"O texto fala de" sentar e esquecer "e" jejum do coração ". Isso não significa nada além de esvaziar os sentidos e a mente. O texto diz:
- *Deixe seus ouvidos e olhos entrarem em comunicação com sua alma. Então os deuses e espíritos também virão visitá-lo-* ".

Na concepção ocidental, o Tao pode ser considerado análogo ao Espírito da Bíblia. O Espírito Bíblico permeia toda a criação. Do Espírito descem todas as iluminações que guiam o homem e o fazem capaz de ser o "profeta de sua vida". No livro de Joel Deus diz:

"... Depois disso, derramarei o meu Espírito em todo homem.
Seus filhos e suas filhas se tornarão profetas.
Seus anciãos terão sonhos, seus jovens terão visões.
Naqueles dias derramarei o meu Espírito também sobre escravos e servas "(Joel 2: 28-29)

Aceite o desafio

A física quântica está perturbando o pensamento científico. Muitos físicos entre os mais renomados, ao aprofundarem seus estudos, estão convencidos da necessidade de integrar, no processo de compreensão do universo, uma força que podemos definir como psíquica.

Sem a contribuição dessa "força psíquica", o comportamento das partículas elementares não é mais compreensível. Mencionei muitos desses cientistas nas páginas anteriores.

Muitos deles testemunham ativamente essa crença. Alguns publicam livros, outros enviam artigos para revistas científicas qualificadas. Outros não divulgam seus pensamentos, mas iniciam caminhos de consciência espiritual.

Existem dezenas de físicos que abordaram alguma filosofia oriental, particularmente o budismo ou o hinduísmo.

A escolha orientalista é motivada principalmente pela necessidade de liberdade intelectual. Muitos se recusam a aderir às formas religiosas ocidentais, porque os consideram imbuídos de dogmas e preceitos. Essa circunstância contrasta com a independência de pensamento, que é a maior riqueza para um cientista. Para muitos, a aceitação acrítica, isto é, a fé, não pode superar a razão.

Evidentemente, alguns cientistas chegam a essa escolha vindos de ambientes que tendem a ser ateus. Infelizmente, ainda existem áreas da ciência imbuídas do fervor anticlerical que se seguiu à era do Iluminismo.

Em vez disso, a maioria das pessoas comuns não usa a lógica kantiana para administrar seu próprio nível de fé e espiritualidade. Ao longo da história da humanidade, o sentimento da existência de uma "Entidade superior" sempre foi uma herança comum. De fato, nunca houve um povo que não tivesse sua própria lista de divindades e seus próprios cultos religiosos. As únicas exceções são alguns regimes materialistas autoritários, nascidos no século passado. Felizmente, duraram muito pouco.

Mesmo nas sociedades mais secularizadas, entre a população comum, esse sentimento vago e impalpável que muitos chamam de "nostalgia de Deus" continua bem alerta e presente.

Em uma audiência de 2012 intitulada "O homem carrega dentro de si um desejo misterioso por Deus", o Papa Francisco falou estas palavras:

> "O desejo de Deus está inscrito no coração do homem, porque o homem foi criado por Deus. Deus não deixa de atrair o homem para si mesmo. Somente em Deus o homem encontra a verdade e

a felicidade que ele procura incessantemente. Essa afirmação pode parecer uma provocação no contexto da cultura ocidental secularizada. Muitos contemporâneos podem objetar que não sentem o desejo de Deus de forma alguma.Para grandes setores da sociedade, Deus não é mais "o esperado", "o desejado". Para eles, Deus é uma realidade que deixa um indiferente.
Deste ponto de vista, o mistério permanece. O homem procura o Absoluto com passos pequenos e incertos. No entanto, a experiência citada por Santo Agostinho, chamada de "coração inquieto", é muito significativa. Nos atesta que no fundo o homem é um ser religioso ".

Meditação e oração

Este livro contém muitos incentivos para encorajar a busca por "Deus", qualquer que seja seu nome e através da adoração, religião ou filosofia desejada.

Existem dois métodos principais: meditação e oração.

O método mais utilizado na cultura oriental é a meditação. A meditação é uma prática destinada a alcançar maior domínio da atividade mental. Aqueles que meditam isolam-se de todos os "ruídos de fundo" da vida cotidiana para encontrar a paz interior. O termo meditação indica a "concentração da mente em um único ponto". Essa prática é chamada, mais precisamente, de "meditação reflexiva".

Em vez disso, o termo "contemplação" significa o "resto da mente" em seu estado natural, isto é, na completa ausência de pensamentos. Essa prática é chamada, mais precisamente, de "meditação receptiva".

Em teoria, a meditação é uma prática de autorealização, desprovida de propósitos religiosos. De fato, é quase sempre associado a propósitos espirituais ou filosóficos. A meditação, em diferentes formas, é parte integrante de todas as principais tradições religiosas.

A primeira referência escrita à meditação, na esfera religiosa, é encontrada nas sagradas escrituras hindus do século IX aC, as "Upanishads". Aqui a meditação é referida como "dhyana".

No yoga, a prática do dhyana favorece "a experiência da visão". Aqueles que alcançaram um nível mais alto podem alcançar a "iluminação", isto é, a revelação da "divindade onipresente".

Na prática de yoga, não se diz que "a mente está meditando". Dizem que a mente é encontrada no dhyana, isto é, no "estado de meditação".

No Ocidente, o principal método de se relacionar com Deus é a oração. A oração muitas vezes pode ser uma repetição de fórmulas pré-estabelecidas. Em outros casos, a oração surge livre e espontaneamente da alma.

Deus (o Espírito Santo) governa o universo e predispõe tudo a acontecer para que o homem possa viver. A ação do Espírito se estende às necessidades dos indivíduos. É um sentimento comum que o Espírito está próximo e presente em todos. Portanto, certamente o Espírito recebe as orações que são dirigidas a ele. No entanto, a oração não deve ser entendida como um "pedido", mas como um "diálogo".

Uma das escolhas mais belas feitas no campo dos movimentos carismáticos é renunciar à oração clássica do pedido de ir à oração de louvor. A pessoa que ora nada pede porque Deus conhece suas necessidades. Ele louva a Deus porque ele existe. Ele agradece a Deus porque certamente ele prepara um destino feliz para ele.

Neste caso, a oração, como mencionado, está acima de todo diálogo. O reconhecimento e o louvor sobem e, ao mesmo tempo, a serenidade e o consolo descem em direção à pessoa que reza.

Neste diálogo, não devemos esperar que Deus fale através de uma voz que entra no ouvido. Todas as religiões sempre afirmaram que a divindade fala através de "sinais".

Em uma entrevista, o famoso cantor italiano Roberto Vecchioni disse:

> "Deus me envia mensagens mais fortes e mais fortes. Eu não entendo algumas mensagens. Mas tenho a certeza de que nada é aleatório e que tudo é causado. O começo das coisas pode não ter sido um simples "estrondo". O fundamento da fé é que existe uma razão ".

De fato, alguém nos envia "sinais divinos". Quem quer que seja, obviamente, ele assume que podemos entendê-los. Nos Evangelhos, lemos frases como estas:

> "Olhe para a figueira e todas as plantas. Quando os brotos nascerem, entenda por si mesmo que agora o verão está próximo "
> *(Lc 21, 29-31)*

"Quando é noite, você diz:" Bom tempo, o céu está vermelho. De manhã

você diz: - Hoje será tempestuoso, porque o céu é vermelho escuro. Então você sabe interpretar a aparência do céu. Então, por que você não sabe como interpretar os sinais dos tempos? "
(Mt 16, 2-3).

Muitas vezes os sinais vêm até nós do céu na forma de sincronicidade, como vimos no capítulo anterior.

A sincronicidade é um conceito secular que se encaixa perfeitamente no contexto religioso das profecias e comunicações celestes.

As sincronicidades vêm inesperadas e não devem ser entendidas como respostas às nossas orações, se alguma coisa que oramos.

Em vez disso, as sincronicidades devem ser entendidas como mensagens de "Alguém" que passa primeiro pela palavra e quer dizer algo útil para nós. Sincronicidades são compreensíveis especialmente para a pessoa que as recebe. De fato, são eficazes no inconsciente pessoal, isto é, na parte mais íntima da consciência.

Quem se acostuma a reconhecer sincronicidades e adquire a capacidade de decifrá-las abre um canal de comunicação privilegiada com o Espírito do mundo.

A maior dificuldade em decifrar sincronicidades é que elas expõem impiedosamente o que somos.

Na realidade, as sincronicidades destacam nossas misérias e nossas fraquezas.

Muitas vezes não nos reconhecemos nessas fotografias impiedosas e concluímos que essas mensagens não nos dizem respeito. Demasiadas vezes nos julgamos melhor do que somos.

É verdade que o universo foi criado para o homem. Contudo, o homem deve permanecer com humildade diante do mistério de sua divindade corrompido pela carne mortal.

Talvez nesta corrupção não haja culpa, apenas necessidade. A alma precisa se substanciar no assunto para existir.

Você deve humildemente passar por esse passo.

No Tao podemos ler esta máxima:

> "O homem sábio não deseja provar sua superioridade".

O homem que concordar em ser vestido com humildade será tomado pela mão e será acompanhado à sua devida glória.

Jesus nos lembra disso no discurso das bem-aventuranças:

> "Bem-aventurados os humildes, porque o reino dos céus lhes pertence"
> *(Mt 5,3)*

Apêndice 1. Hamlet

Hamlet (A tragédia de Hamlet, Príncipe da Dinamarca), provavelmente escrita entre 1600 e 1602, é uma das obras dramatúrgicas mais famosas do mundo, traduzida em quase todas as línguas existentes. O famoso monólogo de Hamlet "ser ou não ser" é a cena mais representativa do trabalho e é certamente o ponto de chegada e uma plataforma de teste para os principais atores.

Quase sempre essa parte da tragédia é citada, fora dos palcos, com Hamlet segurando uma caveira. No entanto, isso é um erro: a cena do crânio está na parte final do drama (Ato V) e não tem nada a ver com "Ser ou não ser", que está na parte central (Ato III)..

A tragédia ocorre no castelo de Elsinore, em Dinamarca, no período medieval.

Hamlet é frequentemente percebido como um caráter filosófico, com tendências que hoje podemos atribuir ao relativismo, ao ceticismo ou mesmo ao existencialismo.

Por exemplo, Hamlet expõe um pensamento relativista quando, endereçado a Rosencrantz, ele afirma: "Não há nada que seja bom ou ruim, mas é o pensamento do homem que torna as coisas boas ou más".

A ideia de que nada é real, exceto a mente do indivíduo, baseia-se no sofisma grego.

Os sofistas argumentavam que, uma vez que tudo só pode ser percebido através dos sentidos, e porque todos percebem as coisas de maneira diferente, não há verdade absoluta: apenas verdades relativas existem

Os personagens

Hamlet: ele é o protagonista da tragédia e príncipe da Dinamarca, filho da rainha Gertrude e do falecido rei Hamlet. O rei tinha o mesmo nome que seu filho.
Claudio: é o atual rei da Dinamarca, tio de Hamlet e seu antagonista; ele é um político ambicioso, impulsionado por uma sede de poder e sem escrúpulos.
Gertrude: Rainha da Dinamarca e mãe de Hamlet, agora casada com Claudio.
Polonius: camareiro de Elsinore, pai de Laertes e Ofélia.
Ofélia: filha de Polônio, de quem Hamlet estava apaixonada.
Laertes: filho de Polônio e irmão de Ofélia.
Horace: um amigo de Hamlet, um colega da Universidade de Wittenberg.
Fortebraccio: Príncipe da Noruega, cujo pai foi morto pelo pai de Hamlet. Ele quer atacar a Dinamarca por vingança.
O fantasma do rei: o espectro do pai de Hamlet afirma ter sido assassinado por Cláudio.
Rosencrantz e Guildenstern: dois cortesãos, antigos amigos de Hamlet, que são convocados por Gertrude e Claudio para tentar descobrir a razão do estranho comportamento de Hamlet.
Voltimand e Cornelius: embaixadores.
Marcello e Bernardo: os dois guardas que primeiro vêem o fantasma do soberano.
Reynaldo: o servo de Polonio.

O enredo da tragédia

No século XVI, nas muralhas da cidade de Elsinore, capital da Dinamarca, Marcello e Bernardo falam de um fantasma. Orazio também chega, que foi chamado para vigiar o estranho fenômeno.

O espectro aparece pouco depois da meia-noite e Orazio imediatamente percebe a semelhança do fantasma com o rei Hamlet, que morreu recentemente. O fantasma desaparece. Orazio conta a Marcello que o Fortebraccio está montando um exército nas fronteiras da Noruega. Com este exército, ele quer recuperar alguns territórios. Estas são as terras que o pai de Fortebraccio perdeu em um duelo com Hamlet.

A cena se move para o conselho real. Estão presentes o rei Cláudio, a rainha Gertrude, Hamlet, Polônio, seu filho Laertes, os dois embaixadores Cornélio e Voltimando. O tema do encontro é a questão do Fortebraccio. Os presentes decidiram enviar os dois embaixadores do rei da Noruega para negociar. Laertes pede ao rei Cláudio que possa partir para a França, e o rei o concede a ele.

Horace diz a Hamlet as aparições de um fantasma parecido com seu pai. Os dois decidem se encontrar no local das aparições.

O fantasma aparece novamente e pede para falar com Hamlet sozinho. Hamlet percebe que é o espírito do pai. Quando estão sozinhos, o fantasma revela a Hamlet que sua esposa Gertrude e Claudio o estão traindo há muito tempo.

Uma tarde, enquanto o rei dormia no jardim, Claudio o matou derramando um veneno mortal em seu ouvido. No final da trágica história, o fantasma pede a Hamlet que o vingue.

Voltando a Horace e Marcello, Hamlet não revela o conteúdo da reunião e os faz jurar não falar com nenhuma das aparições.

Depois das terríveis revelações Hamlet torna-se cada vez mais fechado, de modo que Cláudio e Gertrudes enviem a telefonema a Rosencrantz e Guildenstern, dois amigos de Hamlet na época da universidade. Claudio pede aos dois que investiguem a melancolia do príncipe.

Os dois conversam muito tempo com Hamlet e, em nome da antiga amizade, revelam o motivo de sua vinda. No entanto, eles tentam distrair o príncipe de sua melancolia aproveitando a chegada de uma companhia de teatro.

Essa novidade estimula Hamlet, não tanto pelo lazer, mas porque o desempenho teatral oferece a ele a possibilidade de colocar em prática um plano.

Com seu plano, Hamlet quer resolver a dúvida que o assombra. Ele quer ter certeza de que o fantasma é seu pai e que as revelações recebidas são verdadeiras.

Rosencrantz e Guildenstern são chamados pelo rei para descobrir se descobriram alguma coisa sobre a crise de Hamlet. Polonius também está presente na entrevista. Os dois não conseguem explicar a causa da tristeza do príncipe. Polônio propõe a hipótese de que a tristeza de Hamlet deriva da distância de Ofélia.

Hamlet entra em cena, então Claudio e Gertrude dispensam Rosencrantz e Guildenstern.

Em seguida, eles se escondem com Polônio e deixam apenas Hamlet e Ofélia em cena.

Hamlet, no entanto, está chocado com as revelações do espectro e trata mal o pobre Ofélia. A menina lembra-lhe as velhas promessas de amor, mas Hamlet aconselha-a a tornar-se freira.

O universo é inteligente. A alma existe. 257

Claudio suspeita fortemente que Hamlet tenha adivinhado alguns de seus crimes, então ele começa a elaborar um projeto para enviá-lo para a Inglaterra.

Enquanto isso, Hamlet concorda com os atores da companhia de teatro para representar um drama, "O assassinato de Gonzago". Essa representação lembra os eventos narrados pelo espectro. Durante a peça, Hamlet observará as reações de Claudio. Se o rei está chateado, isso significará que as acusações do fantasma foram bem fundamentadas.

O plano é bem sucedido. Durante a cena do envenenamento, o rei abandona o teatro no meio da raiva. Gertrude também está chateada e convida Hamlet a entrar em seu quarto para lhe pedir explicações sobre os motivos dessa performance.

A rainha concorda com antecedência com Polonio. Polônio se esconderá no quarto da rainha para relatar as palavras da entrevista ao rei.

Infelizmente, Hamlet, enquanto conversava com sua mãe, percebe que alguém está escutando secretamente. Hamlet acredita que ele é Claudio e o mata gritando "um rato, um rato". Então tire o corpo para enterrá-lo rapidamente.

Ofélia aprende a morte de seu pai Polônio. Essa dor, somada à decepção amorosa pela recusa de Hamlet, a coloca em um estado de profunda loucura.

Hamlet, enquanto ele está prestes a embarcar para a Inglaterra, encontra o exército de Fortebraccio, que está invadindo o território dinamarquês.

Os soldados dizem-lhe que o território a que se dirigem é semi-deserto e inútil do ponto de vista estratégico. O Fortebraccio quer conquistar esses territórios apenas por motivos de honra.

Laertes, filho de Polônio e irmão de Ofélia, acredita que seu pai foi morto por Cláudio. Ele reúne um exército e se apresenta ao rei, acusando-o da morte de seu pai. Depois de uma longa conversa, Ofelia também presente, o rei consegue explicar a Laerte toda a verdade.

Enquanto isso, Horace recebe uma carta anunciando o retorno iminente de Hamlet.

Então Claudio propõe a Laerte desafiar Hamlet para um duelo. No entanto, ele sugere que ele tenha criado uma armadilha. A espada de Hamlet será embotada e a espada de Laerte será mergulhada em um veneno mortal. Além disso, uma xícara de vinho envenenado é preparada. Laerte concorda.

Ofelia, completamente louca, se mata pulando em um lago. A cena começa com dois coveiros cavando a vala de Ofélia.

Hamlet se pergunta que nobre vai ser enterrada. Quando ele percebe que é Ophelia, ele não pode ajudar a correr em seu caixão.

Laerte enche-o de insultos e desafia-o para um duelo até à morte. No dia seguinte, Hamlet é chamado para o quarto do rei para o desafio.

O duelo começa. A rainha pede uma bebida, mas a taça de vinho envenenado é servida para ela. Enquanto isso, os duelistas trocam espadas várias vezes, de modo que ambos se machucam com a espada envenenada.

A tragédia acaba. O primeiro a morrer é a rainha Gertrude. Laertes, lamentando ter aderido ao plano ignóbil de Claudio, revela tudo a Hamlet e morre. Hamlet, no aperto da fúria, atinge Claudio com a espada envenenada. Finalmente, até Hamlet morre.

Glossário

A constante de Planck   Constante física representando aação mínima possível. Determina quea energia física fundamental associada e as quantidades não evoluem continuamente, mas são quantizadas.

Alma do mundo   Também conhecido em latim como *Anima Mundi,*é um termo filosófico usado pelo platônico para indicar a vitalidade da natureza em sua totalidade, assimilada a um único organismo vivo.

Alma e Animus   Arquétipos com alto conteúdo duplo. Cada arquétipo contém um aspecto da vida e seu oposto, sugerindo que ambos têm seu próprio valor. Aimagem daalma é projetada por homens sobre as mulheres, enquanto nas mulheres é oarquétipo correspondente, oAnimus, a ser rastreada em homens.

Alquimia   Sistema filosófico esotérico antigo expressado através das várias disciplinas tais comoa química, a física, aastrologia, a metalurgia e a medicina. O pensamento alquimico é considerado por muitos como o precursor da química moderna.

Arquétipo   O termo é usado atualmente para indicar, na esfera filosófica, a forma pré-existente e primitiva de um pensamento (por exemplo,a idéia platônica); na psicologia analítica, no entanto, ele é usado por Jung e outros autores para indicar idéias inatas e Predeterminado doinconsciente humano.

Átomo	O átomo é uma estrutura na qual a matéria é normalmente organizada no mundo físico. Os átomos são formados por constituintes subatômicos, como prótons, nêutrons e elétrons. Mais átomos formam moléculas.
Big Bang	Modelo cosmológicobaseado naidéia de queouniverso começou a se expandir em uma velocidade muito alta em um tempo precisamente definível do passado e que este processo ainda continua.
Bilocação	Capacidade de um corpo estar simultaneamente presente em dois ou mais lugares diferentes.
Budismo	Uma das religiões mais antigas e mais difundidas do mundo, originada dos ensinamentosdoíndio itinerante ascético Siddhãrtha Gautama (vi °, V ° SEC. B.C.).
Causalidade	Princípio de que nada acontece no mundo sem uma causa decisiva.
Coincidências sensoriais	Termo dedicamente usado por aqueles que não querem falar sobre coincidências significativas ou sincronicidade, de acordo com a concepção Junghiana.
Complexo	Na psicologia, é uma definição usada para descrever uma série de sentimentos com incertezas e ansiedades em relação ao assunto em questão e não modificável através do raciocínio.
Consciência	A faculdade imediata de alertar, compreender, avaliar os fatos que ocorrem na esfera daexperiência individual ou prever em um futuro mais ou menos próximo. Na linguagem comum, a avaliação moral das ações de cada um.
Determinismo	Concepção filosófica de uma natureza marcadamente mecanicista, segundo a qual cada fenômeno ou evento do presente é necessariamente determinado por um fenômeno ou evento que aconteceu no passado.

O universo é inteligente. A alma existe.

Dualismo	Presença de dois princípios fundamentais, em relação recíproca de complementaridade ou oposição.
E = MC2	A fórmula E = MC2 é a teoria da relatividade, na transição entre dois sistemas de referência em movimento relativo. E éaenergia, m a massa de um corpo, c a velocidade da luz (300000 km/s).
Efeito Casimir	A força de atratividade que é exercida entre dois corpos estendidos localizados no vazio devido à presença do campo quântico de ponto zero. Este campo origina-se daenergia do vácuo determinada por partículas virtuais que são criadas continuamente para oefeito de flutuações.
Ele	Segundo a teoria psicanalítica de Sigmund Freud, é uma realidade intrapsíquica que "representa a voz da natureza na alma do homem". Contém os impulsos eróticos (Eros), agressivos e autodestrutivos.
Emaranhamento	Vínculo de natureza fundamental existente entre as partículas que constituem um sistema quântico. Também é dito, às vezes, a correlação quântica.
Energia escura	Aenergia escura é uma forma hipotética de energia não diretamente detectável difusa homogeneamente no espaço.
Entropia	Medida do distúrbio presente em qualquer sistema físico.
EPR, Paradox ou experimento	Um experimento ideal proposto em 1935 por Einstein, Podolsky e Rosen com o objetivo de demonstrar que a mecânica quântica não poderia ser considerada uma teoria física completa e que havia de ser escondido, variáveis desconhecidas, capaz de completá-lo.
Espaço-tempo	Na física espaço-temporal, ou cronotopo, entendemos a estrutura quadridimensional do universo. Introduzido pela relatividade especial, é composto por quatro dimensões: as três do espaço e do tempo.

Esse est percipi	Lema cunhado por George Berkeley: *ser significa ser percebido.*
Experimento de fenda dupla	Concebida em 1805 por Thomas Young. Representa a chave para entender a mecânica quântica.
Extrasensoriale	É chamado de percepção extrasensorial ou ESP (sigladaexpressão inglesa*extra-SensoryPerception*) qualquer percepção hipotética que não pode ser atribuída aos cinco sentidos.
Fermions	Assim chamado em homenagem a Enrico Fermi. Estas são as partículas que seguem a estatística Fermi-Dirac e, portanto, são equipadas com uma rotação semicompleta ($1/2, 3/2, 5/2...$) .
Física clássica	Todos os escopos e modelos de física que não consideram os fenômenos descritos em macrocosm pela relatividade geral e microcosmo pela mecânica quântica.
Física newtoniana	*V. física clássica*
Física quântica	Teoria física descrevendo o comportamento da matéria e da radiação e as interações recíprocas, com particular consideração aos fenômenos característicos do nível subatômico de magnitude.
Forma de interferência	Na física, o fenômenodainterferência é um fenômeno devido à sobreposição, em um ponto de espaço, de duas ou mais ondas.
Fóton	O fóton é o mesmo *que o campo eletromagnético,*historicamente também chamado de luz.
Função da onda	Na mecânica quântica, a função de onda representa o estado de um sistema físico. É uma função complexa de coordenadas espaciais e tempo e seu significado é o de uma amplitude de probabilidade.
Grande mãe (arquétipo)	Em cada um de nós - homem ou mulher, não faz diferença - vive o arquétipo da Grande Mãe. Na psicologia de Jung, a Grande Mãe é um dos poderes numinosos do inconsciente, um arquétipo de grande e ambivalente poder,

Hertz	ao mesmo tempo destrutivo e salvador, nutriente e devorador. O hertz (*símbolo Hertz*) éaunidade de medida do sistema internacional da freqüência. Toma seu nome do físico alemão Heinrich Rudolf Hertz que trouxe contribuições importantes à ciência, no campo doelectromagnetismo.
Holograma	Laje fotográfica ou filme reproduzindo aimagem tridimensional de um objeto obtido pela técnica de holografia.
I (ego)	Em psicologia representa uma estrutura psíquica-organizada e relativamente estável, conectada ao contato e às relações com a realidade, interna e externa.
Idéia	Termo usado desde o alvorecer da filosofia, indicando originalmenteumaessência primordial e substancial. Hoje, assumiu a linguagem comum um significado mais restrito, geralmente referível a uma representação ou um projeto da mente.
Immaterialismo	Termo cunhado pelo filósofo-teólogo irlandês George Berkeley (1685-1753) para definir sua doutrina negandoaexistência da matéria.
Impulso vital	Uma expressão conhecida principalmenteno campo da cultura francesa, geralmente usado em parapsicologia e ciências espirituais.
Inconsciente	Todas as atividades mentais que não estão presentes para a consciência de um indivíduo.
Inconsciente coletivo	Conceito de psicologia analítica cunhado por Carl Gustav Jung. Em oposiçãoao inconsciente pessoal, ele é compartilhado por todos os homens e deriva de seus antepassados comuns.
Indeterminism	Atitude filosófica que se opõe ao determinismo.
Inflação cósmica	Na cosmologia,ainflação é uma teoria que assume queo universo, logo após o Big Bang, passou por uma fase de expansão extremamente rápida.
Instinto	Impulso interno, congênito e imutável, para atuar e se comportar de uma certa maneira. Embora seja independenteda inteligência, ele

Intelecto	pode ser modificado, ajustado ou reprimido pelo mesmo. Termo aristoteliano para designar a realidade que alcançou o grau completo de desenvolvimento.
Interações fundamentais	Na física, as interações fundamentais ou forças fundamentais são as forças da natureza que nos permitem descrever fenômenos físicos. Quatro foram identificadas: interação gravitacional, interação eletromagnética, interação nuclear fraca e forte interação nuclear.
Interpretação para muitos mundos	Esta teoria esprime que cada vez que o mundo tem que enfrentar uma escolha no nível quântico, o universo se divide em dois.
Libido	Literalmente traduzível como desejo ou voluptin '. Identifica um conceito fundamental da teoria psicanalítica. Segundo Freud, indica aexpressão dinâmica dos impulsos sexuais; de acordo com Jung, no entanto, aenergia vital e criativa doinstinto.
Limite de Chandrasekhar	Limite de massa não rotativa que pode se opor ao colapso gravitacional, sustentado pela pressão de degeneração de elétrons.
Localização	Na física, o princípio da localidade afirma que objetos distantes não podem ter influênciainstantâneaum no outro: um objeto é diretamente influenciado por sua vizinhança imediata.
Mandala	Termo que, em particular, pretende indicar um objeto, também sagrado, de "forma redonda", ou um"disco", especialmente referindo-se ao sol ou à lua. Na tradição religiosa budista e hindu, representação simbólica do cosmos, feita com fios tecidos no quadro ou com pós de várias cores no chão, ou pintado em pano, ou afrescos nas paredes do templo.
Maniqueísmo	Religião radicalmente dualista: dois princípios, luz e escuridão, independentes e

	contrastantes afetam todos osaspectos daexistência e conduta humanas.
Materia	Na física clássica, com o termo materia um indica genericamente qualquer coisa que tem a massa e ocupa espaço ou, alternativamente,, a substância da qual os objetos físicos são compostos, excluindo assim a energia, que se deve à contribuição dos campos de força.
Mecânica quântica	Teoria física descrevendo o comportamento da matéria, da radiação e das interações recíprocas, com particular consideração aos fenômenos característicos da escala do comprimento ou da energia atômica e subatômica.
Mentalismo	Concepção filosófica que tende a reduzir os dados de conhecimento para as percepções puras da mente, negligenciando os aspectosobjetivos daexperiência física.
Metafísica	Doutrina filosófica que se apresenta como a ciência da realidade absoluta e que procura dar uma explicação das primeiras causas da realidade, independentemente de qualquer dado daexperiência.
Mind uploading	Recuperação e transferência do patrimônio mental de um indivíduo do velho para um novo corpo.
Mito	Narração revestida de sacralidade em relação às origens do mundo ou às maneiras pelas quais o próprio mundo ou as criaturas vivas atingiram a forma atual.
Mito da caverna	O mito da caverna de Platão é um dos mais famosos mitos ou alegorias do filósofo ateniense, contada noinício do livro Settimo de*La Repubblica*.
Mitologia	Oconjunto das elaborações fantásticas ou religiosas de uma certa tradição cultural.
Monism	O monismo é uma concepçãodeser que se opõe ao pluralismo, ou mais frequentemente ao dualismo.
Multiverso	Uma dimensão paralela ou um universo paralelo é um universo hipotético separado e distinto do nosso, mas coexistente com ele;

	Na maioria dos casos imaginados pode ser identificado com um outro continuum espaço-tempo. Oconjunto de todos os universos paralelos é chamado Multiverso.
Mundo das idéias	O hyperurânio, ou o mundo das idéias, é um conceito de Plato expressado em Phaedrus.
Não-localização	O nível em que os princípios físicos da localidade não são mais válidos.
Neoplatonismo	Interpretação do pensamento de Platão dado na era helenística. Ele resume vários outros elementos da filosofia grega e se torna a principal escola filosófica antiga a partir do terceiro século.
Neurose	Transtorno mental de natureza predominantemente psicológica, derivado de um conflito inconscienteentre oindivíduo e omeio ambiente.
Nexus Acausal	Ligação entre dois eventos conectados, mas não de uma maneira causal, isto é, não de tal maneira que um afeta materialmente o outro.
Nigredo	Na alquimia a fase com o preto da grande obra, a de podridão e decomposição, que é o passo inicial no caminho da criação da pedra filosofal.
Nirvana	Um conceito que indica um estado de felicidade, precisamente das religiões budistas e Jain, mais tarde introduzido no hinduísmotambém.
Notarikon	Método Hebraico para derivar uma palavra, de forma semelhante à criação de um acrônimo, certificando-se de que cada uma de suas letras iniciais oufinais representam outrapalavra.
Número de massa	Indica o número de núcleons (i.e. prótons e nêutrons) presentes em um átomo.
Numinoso	Cercado por um halo de sacralidade, que inspira medo e reverência.
Nuvem de Oort	A nuvem de Oort é uma nuvem esférica de cometas colocadas a uma distância da terra igual a cerca de 2400 vezes a distância entre o sol e Plutão.

O princípio da sobreposição de Estados	O princípio afirma que, assim como as ondas da física clássica, dois ou mais Estados Quânticos podem ser somados ("sobreposição"), e o resultado será outro estado quântico válido.
Objetividade	Representação ideológica correspondente à realidade, ao mundo objetivo e, portanto, não dependentede uma atividade de consciência.
Olomovimento	Termo cunhado por Bohm para descrever ouniverso como um sistema dinâmico em movimento contínuo. Em vez disso, o termo holograma geralmente se refere a umaimagem estática.
Onda piloto	Interpretação da mecânica quântica postated por David Bohm em 1952. Incorpora a idéia da onda piloto elaborada por Louis de Broglie em 1927.
Onível subatômico	Nível em que você tem dimensões menores do que as do átomo, ou que se relaciona com as partes constituintes doátomo, como elétrons, nêutrons etc.
Opus alquímica	Procedimento alquimico para obtenção da pedra filosofal, que ocorreu através de sete procedimentos, divididos em quatro operações: podridão, calcinação, destilação e sublimação, além de três fases: solução, coagulação e tingimento.
Orbital	Função de onda que descreve o comportamento de um elétron em um átomo.
Ordem implícita e ordem explícita	Theorization de David Bohm sobre a existência no universo de uma ordem implícita (ordem involvida), que nós somos incapazes de perceber, e uma ordem explícita (ordem explicar), que Percebemos como resultado da interpretação que nosso cérebro dá às ondas de interferência que compõem o universo.
Paleolítico	Período caracterizado pela construção euso de ferramentas de pedra com mais e mais refinados funcionamentos, e que vê o início, no homem, do pensamento metafísico e do culto dos mortos.

Paranormal	Termo que se aplica a fenômenos que são contrários às leis da física e suposições científicas.
Pessoa (arquétipo)	Um dos arquétipos junguianos que deriva seu nome do latim, onde tem o significado de "máscara do ator" e indica o papel que o sujeito interpreta no contexto social em que atua.
Ponto Omega	Termo cunhado pelo cientista jesuíta francês Pierre Teilhard de Chardin para descrever o mais alto nível de complexidade e consciência a que parece que ouniverso tende a evoluir.
Potencial quântico	Parâmetro adicionado por David Bohm àequação de Schrödinger. O potencial quântico transforma a mecânica quântica da teoria probabilística à teoria determinística.
Prêmio Nobel	Um prêmio de valor mundial atribuído anualmente a pessoas que se distinguiram nos vários campos do conhecimento, "trazendo maiores benefícios para a allumanity"para suas pesquisas, descobertas e invenções, paraaobra literária, Paraocompromisso com a paz mundial.
Princípio antrópico	Na esfera física e cosmológica, o princípio antrópico afirma que as observações científicas estão sujeitas a constrangimentos devido à nossa existência como observadores.
Princípio da complementaridade	Na mecânica quântica, afirma que o aspecto duplo (onda e partícula) de algumas representações físicas de fenômenos atômicos e subatômicos não pode ser observado ao mesmo tempo durante o mesmo experimento.
Princípio da localidade	A localidade define a área em que há manifestações de energias e eventos delimitados pelas leis da física clássica; Na realidade local há causalidade ou determinismo (cada evento é determinado por um evento anterior).
Princípio da não-localidade	Princípio da mecânica quântica de acordo com o qual as partículas subatômicas são

	capazes de comunicar informações instantâneamente.
Princípio indeterminado de Heisenberg	Não é possível medir ao mesmo tempo e com extrema precisão as propriedades que definem o estado de uma partícula elementar. Se, por exemplo, pudéssemos determinar a posição com precisão absoluta, teríamos a máxima incerteza sobre sua velocidade.
Probabilidade	Confiabilidade suportada por motivos razoáveis
Probabilismo	Doutrina intermediária entre dogmatismo e ceticismo, alegando que o conhecimento objetivamente seguro da realidade não é possível.
Processo de identificação	Conceito desenvolvido pelo psiquiatra suíço Carl Gustav Jung nos anos 20. Indica o processo psíquico, único e irrevogável, de cada indivíduo que consistenaaproximaçãodoself com os eus.
Psicanálise	Termo que deriva de psico, psique, alma e anlise da mente. É a teoria do inconsciente da alma humana em que se baseia uma disciplina, conhecida como psicodinâmica, e uma prática psicoterapêutica relativa, que partiu do trabalho de Sigmund Freud, que se inseriu na esteira de Jean-Martin Charcot e Pierre Janet.
Psicologia analítica	Método de investigação do profundo elaborado pelo analista suíço Carl Gustav Jung.
Psicologia da forma	Uma corrente psicológica centrada nos temas da percepção e da experiência.
Quanto	Na mecânica quântica é chamado de "quanto" uma quantidade discreta e indivisível de uma certa magnitude. Por extensão, o termo às vezes é usado como sinônimo de "partícula".
Quark	Na física, os constituintes fundamentais da matéria hadrónica, isto é, de todas as partículas observadas que estão sujeitas a fortes interações.

Quarto excluído	Além das três leis clássicas da física: tempo, espaço, causalidade, Jung e Pauli teorizaram o "quarto excluído" ou seja, a sincronicidade.
Realidade macrofísica	Aquele em que vivemos, diferente da realidade microscópica em relação às dimensões muito pequenas para ser valorizada pelos nossos sentidos.
Redução Teosófica	Método para o qual todos os números podem ser rastreados para um único dígito de 1 a 9.
Reducionismo	O reducionismo em geral sustenta que as instituições, metodologias ou conceitos de uma ciência devem ser reduzidos aos mais baixos denominadores comuns ou às entidades mais elementares possíveis.
Reencarnação	Ressurreição cíclica que culmina com a realização da perfeição.
Religiões do mistério	Os principais cultos misteriosos. Os mistérios mais famosos do mundo grego foram os *mistérios da ELEUSINA*, ligados ao culto de Demeter e Perséfone. Ao lado destes são recordar aqueles relacionaram-se ao cult de Dionysus e Orpheus nos *mistérios órficos* e no cult do Deus Phrygian sabazio; finalmente, os *mistérios dos cabirs* em samothrace.
República	A *República* é umaobra filosófica a forma de um diálogo que teve enorme influência no pensamento ocidental, escrito aproximadamente entre 390 e 360 a.c. pelo filósofo grego Platão.
Res Cogitans e res extensa	Com res Cogitans queremos dizer a realidade psíquica à qual Descartes atribui as seguintes qualidades: inextensão, liberdade e consciência. A res extensa é, em vez disso, a realidade física, que é estendida, limitada e inconsciente.
Ressurreição	Retorne à vida após a morte, comumaanalogia ao despertar após o sono. Comum a todas as religiões que preveem a reviviscencedaalma do falecido, que é o complexo de sua espiritualidade.

O universo é inteligente. A alma existe. 271

Roda da medicina	Na cultura dos Indians americanos a roda da medicina é construída tradicional com as pedras ou as varas baseadas nos quatro sentidos sagrados do espaço.
Rubedo	A última fase do grande trabalho, o "Red One". É o cumprimento final das transmutações químicas, culminando na realização da pedra filosofal e a conversão dos metais vis em ouro.
Salto quântico	Mudança instantânea de um sistema, que ocorre em uma escala muito pequena e é prendido aleatòria. Por exemplo, um elétron que, estando em um nível de energia de um átomo, salta instantaneamente em um nível de energia diferente.
Samsara	Nas religiõesda Índia, como obrahmanismo, o Budismo, o jainismo eohinduísmo, indica a doutrina inerente ao ciclo da vida, da morte e do Renascimento.
Se	Núcleo da personalidade, indicado com o pronome de terceira pessoa singular para distingui-lo do ego, isto é, de sua imagem refletida na qual a consciência normalmente se identifica.
Seção dourada	A relação mais estética entre os lados de um retângulo que é indicado pelo número 1, 6180339887.
Série de Fibonacci	Sucessão de inteiros positivos em que cada número começando com o terceiro é a soma dos dois anteriores, e os dois primeiros são por definição igual a 1. É representado pelos números: 1, 1, 2, 3, 5, 8, 13, 21, 34, 55 etc.
Seta do tempo	Fenômeno de acordo com o qual o tempo parece fluir sempre na mesma direção, do passado para o futuro, de acordo com uma espécie de sentido único. Define a seta do tempo o fenômeno (real, observável e complexo) tais que um sistema físico evolui de um estado inicial S no tempo T a um estado final S2 em um tempo T2 e nunca retornará ao Estado S.

Símbolo	O símbolo é um elemento de comunicação, expressando conteúdo de significado ideal do qual se torna o signatário. Normalmente, o símbolo é algo que está no lugar de outra coisa.
Sincronicidade	Conceito teorizado pelo psicanalista Carl Gustav Jung em 1950, definido como "Um princípio de conexões acausais". Consiste em uma ligação entre dois eventos conectados, mas não de uma maneira causal, isto é, não de tal maneira que um poderia ter influenciado materialmente o outro.
Sincronicidade cultural	Um evento que afeta civilizações inteiras e milhões de pessoas.
Sofisti	Mestres das virtudes contemporâneas de Sócrates e Platão, que receberam dinheiro para outorgar seus ensinamentos
Sombra (arquétipo)	Poderoso arquétipo, recipiente de tudo o que perdemos no bem e de tudo o que recebemos no mal. É, portanto, o nosso inimigo, oantagonista, o que aparece em contos de fadas como o "vilão" e que muitas vezes é representado na forma de um monstro, dragão ou demônio.
Spin	Na mecânica quântica, o spin é uma magnitude, ou número quântico, associado às partículas que contribui para definir o estado quântico. A rotação é uma forma de impulso angular.
Subatômico, nível subatômico	Nível das partículas elementares, abaixo do tamanho do átomo.
Subjetividade	Visão pessoal dos valores, de um julgamento, de uma crítica.
Super-ego	Segundo Freud, indica uma das três instâncias que, juntamente com o id e o ego, compõem o modelo estrutural do aparato psíquico. Origina-se da internalização de códigos de conduta, proibições, injunções, esquemas de valores (bom / ruim, certo / errado, bom / ruim, agradável / desagradável) que a criança

O universo é inteligente. A alma existe. 273

	implementa dentro do relacionamento com o casal de pais.
Supernova	Uma supernova é umaexplosão estelar. Supernovae são muito brilhantes e causam emissões de radiação que podem exceder as de uma galáxia inteira.
Tabela periódica dos elementos	Um esquema pelo qual os elementos químicos são classificados com base em seu número atômico Z e o número de elétrons presentes nos orbitais atômicos.
Tamanho paralelo	Uma dimensão paralela ou um universo paralelo é um universo separado hipotético e distinto do nosso, mas coexistente com ele.
Taoísmo	Conjunto de doutrinas de natureza filosófica e mística formuladas por pensadores chineses nos séculos IV e III aC
Temurá	Método usado pelos kabalistas para arrumar as palavras e frases da Bíblia hebraica para derivar o substrato esotérico e o significado espiritual.
Teologia	Estudo da natureza, da essência, dos atributos e manifestações de Deus.
Teoria da relatividade	A teoria da relatividade formulada por Albert Einstein, primeiro em sua versão restrita e depois na versão geral, modificou profundamente a teoria da relatividade galileana e mudou nosso conceito de tempo e espaço. Embora surpreendentes, as previsões de Einstein receberam numerosas confirmações.
Teoria das cordas	Teoria, ainda em desenvolvimento, que tenta conciliar a mecânica quântica com a relatividade geral e que esperançosamente pode constituir uma teoria completamente.
Teoria M o Teoria Mãe	Teoria, ainda incompleta, que tenta combinar matematicamente as cinco teorias de *supercordas*e a*supergravidade para 11 dimensões* , incluindo as quatro*interações fundamentais*, para representar um *Teoria*possível completamente.
Teoria quântica	*V. mecânica quântica.*

Tetraktys	O tetraktys ou o número quaternary representaram para o Pythagorean a sucessão aritmética dos primeiros quatro números naturais, ou mais precisamente números inteiros positivos.
Transcendente	Não atribuível às determinações daexperiência, pois subsiste independentemente da realidade da qual é também a suposição.
Transhumanism	Movimento cultural que defende ouso da ciência e da tecnologia para aumentar as capacidades físicas e mentais do homem.
Um guia para o perplexed	Testamento espiritual do economista e filósofo alemão e. F. Schumacher (1911-1977), pai putativo do "Movimento de Descrescimento".
Universo da bolha	*Veja Multiverse*
Universos paralelos	Uma dimensão paralela ou um universo paralelo é um universo hipotético separado e distinto do nosso, mas coexistente com ele; Na maioria dos casos imaginados pode ser identificado com um outro continuum espaço-tempo. Oconjunto de todos os universos paralelos é chamado Multiverso.
Upanishad	Em sânscrito, "doutrinas Arcano, segredo". Denominação de uma série de textosfilosóficos-religiosos daÍndia, pertencentesàúltima fase do período védico.
Velho sábio (arquétipo)	Personificação do princípio espiritual. Normalmente,oindivíduo encontra tal arquétipo em situações críticas de sua própria vida, quando ele tem que tomar decisões difíceis.
Vitalism	Uma corrente de pensamento que as idéias de Platão devem ser estendidas a toda a natureza, e tornar-se uma parte constituinte de cada organismo único e de tudo o que existe.
Wormhole	Atalho entre dois pontos do universo.
Xamanismo, xamã	Com o termo xamanismo é indicado, na história das religiões, na antropologia cultural e Etnologia, um conjunto de crenças, práticas

religiosas, rituais mágicos ou técnicas de êxtase encontradas em várias culturas e tradições.

Bibliography

Amir Dan Aczel, Entanglement. The greatest mystery of physics.
Barbour Julian, End of the time.
Barrow John David, From zero to infinity. The great story of Nothing.
Barrow John David, The numbers of the universe,
Barrow John David, Why is the world a mathematician?
Barrow John David, look Frank The anthropic principle.
Beitman Bernard, Messages from coincidences.
Cambray Joseph, Synchronicity. Nature and Psyche In a connected universe.
Cantalupi Tiziano, Santarcangelo Donato, Psychism and reality. .
Capra Fritjof, The Tao of physics.
John Cederquist, Coincidences They don't exist.
Cesati Cassin Marco, We're not here by chance.. The power of co-incidences.
Subrahmanyan Chandrasekhar, Truth and Beauty. The reasons for aesthetics in science.
Chinnici Giorgio, Case Guard. The secret mechanisms of the quantum world
Chopra Deepak, Coincidences
Ford Kenneth, The world of Quanta. Quantum physics For everyone.
Gamow George, The Adventures of Mr. Tompkins.
Gamow George, Mr. Tompkins ' New World.
Goswami Arneb, Quantum Lighting Guide.

Greene Brian, The plot of the cosmos. Space,
Greene Brian, The hidden universes of parallel reality And the profound laws of the cosmos.
Greene Brian, The elegant universe. Superstrings, hidden dimensions and the pursuit of definitive theory.
Hawking Stephen The Universe in a nutshell.
Hawking Stephen The theory completely. Origin and destination Dell Universe.
Hawking Stephen The great history of the time.
Hawking Stephen Do Big Bang For black holes. A brief history of the universe.
Heckler, Richard, Coincidences.
Robert Hopke, Nothing happens by chance.
Joseph Frank, The power of coincidences.
Young Carl The analysis of Dreams. Archetypes of the unconscious. Synchronicity.
Young Carl Memories, DreamsReflections.
Kane Gordon, The Garden of Particles Elemental.
Shani Mani Quantum. From Einstein In Bohr, quantum theory, a new idea of reality..
Rei Hans, Christianity and Chinese religiosity.
Lederman Leon, Hill Christopher, Physical Quantum for Poets
Licata Ignazio, Watching the Sphinx.
Motterlini Matteo, Mental traps.
Peat David, Synchronicity. A union between the matter e Psyche.
Popper Karl, The Ego and your brain.
Radin Dean. Intertwined minds. Psychic phenomena explained by quantum physics.
Rhine Louisa, Psychokinesis. in mind Dominates matter..
Schumacher Ernst, A guide to the Perplexed, the B
Sheldrake Rupert, The illusions of Science.
Sheldrake Rupert, The mind Extended..
Michael Smith, Young and Shamanism.
Sparzani and Panepucci. (Curators**)** Young and Pauli. The original correspondence: The meeting between psyche and matter.
Henry Stapp Quantum theory and free will..
Michael Talbot, All is a. Feltrinelli
Teodorani Massimo, Bohm. The Physics of Infinity.
Teodorani Massimo, in mind Creative. From the physical universe to intelligent life.
Teodorani Massimo, The entanglement. The Weave In the quantum world: particles To consciousness.

Teodorani Massimo, Synchronicity. The link between physics and psyche. Da Pauli Young ' s Next In Chopra.
Teodorani Massimo, The Atom and the particles Elementary.
Seems Frank The physics of Immortality.
John White, The encounter between science and spirit..
Claudio Widmann, Synchronicity and coincidences Significant.
Claudio Widmann, Introduction to Synchronicity.

www.ingramcontent.com/pod-product-compliance
Lightning Source LLC
Chambersburg PA
CBHW070618220526
45466CB00001B/42